呵
蒙上尸布的白慕大哟
什么时候
你把你全部的威力
全部的迷离扑朔
都注藏在
这一起一伏的
干净得吓人的
白色皱褶

——拙诗：《死海——雪夜读史》

西方的丑学

刘东著

感性的多元取向

北京大学出版社
PEKING UNIVERSITY PRESS

图书在版编目（CIP）数据

西方的丑学：感性的多元取向／刘东著．—北京：北京大学出版社，2007.1

ISBN 978-7-301-10359-3

I．西…　II．刘…　III．美学思想－研究－西方国家　IV．B83-095

中国版本图书馆 CIP 数据核字（2005）第 148230 号

书　　　名：西方的丑学——感性的多元取向

著作责任者：刘　东　著

责 任 编 辑：岳秀坤

书　　　号：ISBN 978-7-301-10359-3/B · 0355

出 版 发 行：北京大学出版社

地　　　址：北京市海淀区成府路 205 号　100871

网　　　址：http://www.pup.cn　电子邮箱：pkuwsz@yahoo.com.cn

电　　　话：邮购部 62752015　发行部 62750672　编辑部 62752025

版 式 设 计：北京河上图文设计工作室

印　刷　者：北京恒信邦和彩色印刷有限公司

经　销　者：新华书店

650 × 980 毫米　16 开本　16.25 印张　200 千字

2007 年 1 月第 1 版　2007 年 5 月第 2 次印刷

定　　　价：30.00 元

目 录

再版前言

兴许是有关20世纪80年代的话题近来在市面上有所回潮的缘故，京沪两地的出版社，突然都记挂起了我的这本处女作。于是在一番踌躇和斟酌之后，我也就图省事地把它交给了身边的北大出版社。

至少从表面上，可以想出两个重印的理由。一方面，尽管此书当年在《走向未来丛书》中被数以若干万计地印制过，但那个系列毕竟已经嘎然而止将近二十年了，而如今在北大的《艺术哲学》课堂上却可以发现，其实同学们已经很难接触到它了。与之对照的则是，本书的作者还在活泼泼地运思着，总是忘不了当年激动过自己的那些观念。由此，一旦我接着早年的想法往下发挥，同学们就显得摸不着头脑——这都是从哪里发端的怪念头呀？

另一方面，不难想象，这种尘封和遗忘的状态，也就方便了文抄公们。不断有人向我揭发，说哪本书又在剽窃我的《丑学》了。我虽然懒得专门查对，却也无意间在酒桌前撞上了一本——它不光是大量利用了我的论说，就连我在学生时代凭着有限阅读而偶然连缀起来的引文，都按着原有的排列顺序照单全收；然而好笑的是，到头来它却宁愿抄上任何不相干的参考书，就是拒不承认看过我那本书。（岂不知这样子来掩饰，就更是欲盖弥彰，因为“丑学”这个汉字组合，根本不是什么公共术语，到词典上是查不到的，它只属于我本人的臆造，也只能在我的著述中读到。）

不待言，这等无聊下作的学风，只能是90年代以来的特有腐恶，而且也正是为此，有关80年代的话题才重又热门起来。是啊，短短二十年的地覆天翻，实在是太惊心动魄了，以致事到如今都很难相信，我们还曾拥有过那样一个似乎很遥远的、既贫困又富足的年代，——那时候任何人都无法预卜，中国人竟会在精神上委顿得如此之快，正如当时也无法逆料，中国人竟会在物质上阔绰得如此之快。

正因为这样，如今就算让我自己来重读此书，也难免生出恍如隔世之感，仿佛这不是在读昔日的旧作，而是眼睁睁地望着另外一个别人，纵身钻进了思想的惊涛骇浪之中，一起一伏地在经历着绝大的风险……

用“历险”的意向来形容当年的那次写作，并无夸张的意思。学术研究，原本就是从已知向未知的探险，何况当时还只能凭着一己之力去无师自通，对于成败利钝更是无法预料。（在这一点上，我实在不如我那帮博士生幸福，她们如今在确定下力方向之前，都可以指望导师用鼻子帮着闻一闻——这个选题在直觉上值不值得冒险？）

不过，刚刚重读到一半就心跳加速了——因为这个似曾相识的历险者，正一步步地逼近当下的我。好多事情一下子都被回想起来：我记起自己当年利用这本处女作，逐渐敲开了当年北京学术界的大门，尤其是跳过了非考政治课不可的硕士阶段，而终于获得了毕生以思考为业的资格。当然话说回来，整个人生也就这么一步步地陷进去了！由此又不免生出一点遐想——设若当年未曾写下此书，我的人生道路又会是怎样的光景：会流落到国外去讨生活么？会一辈子靠歌唱而生活么？会过得更充实更顺畅些么？……

然而人生总归是要悔之晚矣的，正如眼下读到书中的幼稚之处，也难免要感到脸红和后悔——你瞧当年那个嘴上没毛的狂妄小子，就这么放胆横议，只用短短十来万个汉字，便想把西方文明的运势一笔竖抹到底！不消说，在门户重启已经长达二十余载的今日，要是让我根据手头掌握的材料，来重写如此庞大的题目，我一定会写得更加密实厚重，就算还会闪出某些比较脆弱的论点，也会事先对可能的攻击做好必要的防范。

正是在这个意义上，几天前我才刚对一位好友说过，其实活到这个份上，才刚刚醒悟到应该怎么写作，从前所写的东西全不作数！因了这个缘故，我倒是庆幸前些年无论发表的压力多么大，终究没有昧着良心去粗制滥造，不然就会留下更多有待订正的失误。同样因了这个缘故，要是依我本人的话，那是无论如何也想不起重印此书的，本来连藏拙都还来不及呢，除非是等到退休以后，有时间去铺开摊子重写！

然则也要堂堂正正地说，当“刻下之我”面对着“往昔之我”的时候，也并不是找不到一点鼓舞自己的理由。——比如首先就是洋溢其间的充沛的热情，或者如我后来常对学生们所强调的，是学术研究必不可少的“思辨的激情”！回忆起来，当年正是仗着这股少年意气，而得以粗犷奔放狂喜地走笔，我才能在不过是大学本科的知识基础上，构思着如此宏伟的观念转变。而如果换上现在的家法，以一位“博导”对于技术细节的考究，让样样都受到“西班牙长靴”的拷问，那反倒什么都完不成了。

此外，更让我“不悔少作”的内在理由在于：其实活到今天已经看得很明白——恰恰是当初这本尚不成熟的小书，而不是此后任何形式的研修抬举，才预示了自己此生的基本运思方向。在我的魂灵深处，那种对于人类苦难的高度过敏，对于历史偶然的耿耿于怀，对于社会不公的不平则鸣，终究不会被任何雄辩和巧思所化解。正因为这样，它不仅构成了最初这本书的起点，也同样构成了此后我同李泽厚老师对话的焦点，以及自己90年代以后全部学术活动的基点。即使是到了今天，激发出这本书的主要动机，仍被我在教学活动中从各种角度不断发挥和变奏着，所以完全可以在这里预告，以后肯定还会沿着此种思路写出很多新的续作来。

与上述的想法相应，这个新印的版本，虽然注释修订得更规范了，插图也添加得更奢侈了，但实际的内容却只字未动。之所以这样做，并不是因为自信没有犯下什么错误，而是因为有理由相信，纵然有所闪失，那也可能算是“正确地犯下的错误”。我甚至为此还有点惊奇——当时能参考到的材料是如此之少，当时留下的细节瑕疵又是如此之多，然而就总体风貌而言，这本书居然并未使我太过难堪！

唯一要向读者交代的是，本书之末还增加了一节附录。我希望，这一篇在二十年之后发表的最新讲演——《感性的暴虐》，不仅能向读者证明，作者的思想还在一路往下钻探，而且可以证明，本书的精微之处仍有很大的理论潜力。说到这里，就忍不住想要雅谑那帮偷偷摸摸跟我学舌的小人了：这些年来，趁着我被其他知识领域吸引了去，你们抄袭得好不辛苦呀；只可惜事实证明，除非等我本人回到这个领域，还是无人能够弄懂此书的精义！

哈哈——最后忽然想起，正好可以用这本充满青春气息的少作，来欢迎我那眼下还在母腹中躁动着、不几天就要呱呱坠地来找老爸的小女——刘天昕！

刘 东

2006年平安夜于京北弘庐

自序

自本书的纲要作为一篇（未定的）论文问世以来，海内的读者们，特别是年轻朋友们，便通过各种途径和我进行着广泛的神交。这使我越来越真切地体会到，对于西方文明进行富于创意的批判性沉思，绝不应是哪个人的纯然书斋式的思想游戏；恰恰相反，我写过的题目，属于伫立于“西风窗”前翘首冥想的整整一代青年人，属于我们的正受到严峻挑战也正待萌发新蕾的古老东方文明。于是，我便不能不再鼓一下初生之犊的勇气，围绕这个题目进行更深入和系统的写作。因为我深知，既然天将降大任于我们这一代，那么，即使一个先天不足的后学眼下还很难用思考的结果来证明自己的价值，他也仍然有责任以这种殚思竭虑本身来替他的同辈说明一点儿什么，——或许借笛卡尔那话来说，正是：

我们思，故我们在！

我要对本书的体例作一点儿说明。“丑学”这么一个词，是我“杜撰”出来的。但这并不意味着，它只是纯然出自我个人的想象；正像维特根斯坦后来所分析的那样，语言本身是深嵌在生活方式的深刻背景之中。然而，也正因为这样，当我希望稍稍详尽地揭示“丑学”这个词的全部丰富内涵的时候，我就不得不大量涉猎与它有关的生活背景材料，从而去追溯西方文化的源头了。黑格尔曾经深刻地指出，一个晚出的思想范畴，乃是“把前此一切思维范畴都曾加以扬弃并包含于自身之内”。因而，当我试图循序追踪和筛选西方文化遗迹中的一切有关材料来说明“丑学”的时候，我发现自己实在无法忽略为这个范畴所扬弃的前此诸多范畴，而这就使得这本书的结构颇像一本从特殊角度来叙述的西方性灵小史了。这样，考虑到它可能不尽符合读者们的一般阅读习惯，我便不得不事先提请大家注意和谅解。

但幸运的是，这样来撰写此书，确实给了我一次很好的机会，来从发生学的角度去描述整个西方感性心理的演变过程，去描述人们的感性心理空间如何经由丑的介入而得以拓宽的全部历史。这样，在时间向度的坐标中，我便有可能和读者们一起开展一场如何在思想上超越西方文化迄今为止的任何一个阶段的讨论。由此，我们便有可能来变单纯的描述为一种开放性的结论蕴含与萌生其中的强大历史取向，从而变亦步亦趋的回顾为一种充满想象力的展望，变艺术王国的密纳发的猫头鹰为一颗呼唤着新的灿烂东方文化的启明星。

克罗齐曾经这样说：“被称为，或者我们愿意称之为‘非当代的’历史或‘已往的’历史，如果它真是历史，也就是说，如果它有意义而并非空洞的回声，那它就是当代的历史。”①

我想，如果一个编年史家对历史的回顾是从过去走向现在，那么，恰恰相反，一个哲学家对历史的回顾则刚好是从现在走向过去。只有这样，历史这门古老的学科才能在我们笔下永远年轻，永远充满生命的活力。从这个意义上说，我们对无论东方还是西方文化的历史研究，都是为了建立中国文化的现代形态服务的。我们热爱历史，可正因此，我们就更热爱现代和憧憬未来。因为我们知道，只有当我们无愧于我们的后代的时候，我们才会无愧于人类的祖先，无愧于历史本身。

小时候，我不知多少次为普希金的《纪念碑》流下热泪——

> 我为自己建立了一座非人工的纪念碑，
> 在人们走向那儿的路径上，春草不再生长。它
> 抬起那颗不肯屈服的头颅，
> 高耸在亚历山大的纪念石柱之上。
> ……

① 张文杰等编译：《现代西方历史哲学译文集》，上海译文出版社，1984年，第292页。

现在，抄着这首诗的几句，我的眼睛又湿润了，因为我预感到，一个更为雄伟的纪念碑正在拔地而起。它不是哪一个人的，而是我们整整一代人的。因此，它将比任何一个纪念碑都更大，因为它的基础有九百六十万平方公里！这是何等伟大的“经国之大业，不朽之盛事”呵！

哦，也许说走题了，而且说得这样“好高骛远”。还是回到这本小书上来吧。虽然，我对汉语里“好高骛远”一词含有那么深的贬义强烈地不以为然，但我同时也清醒地知道，自己的下巴上，恐怕缺少一把完成我所设想的那种“高远”任务的胡子呢！本书扉页上的题诗，也正是流露了自己在浩如烟海的史料面前的茫然畏惧。但是我想，既然这任务迟早得有人去完成，那么，即使自己的工作完全失败了，也未始不足以给别人提供一点儿教训。因此，我现在要这样来鞭策自己——害怕犯错误，这本身就是更大的错误！而至于其他的一切愁苦，都留到信息从读者们那里反馈回来之后再发罢！

刘　东

自识于南京大学哲学系

西方的丑学

——感性的多元取向

第一章

缘起：埃斯特惕克为什么是美学

毕加索：《三个女人》油画，1908—1909 年

我们的讨论，需要从一系列紧密相连的追问开始。

在任何一本美学史中你都可以找到这样的介绍：

1750 年，德国唯理主义哲学家鲍姆加登，以“埃斯特惕克”（英文为 Aesthetics）为题，发表了一部著作，从而了却了他十五年前在《关于诗的哲学默想录》里曾经表露过的宿愿——单独创立一门专门研究人类感性认识的新学科。

我们知道，鲍姆加登选择Aesthetics这个词儿来为一门“感性学”命名，是颇费了一番斟酌的。因为该词源于希腊文αιστλΙρτμοσ，而这个希腊词儿又是由αιsτλαημαι演变而来，前者的意思是凭感官可以感知，后者的意思是凭感官去感知。

我们也知道，在群星璀璨的哲学史中，由于前有莱布尼兹，后有康德、鲍姆加登的哲学思想，就在那两颗一等星的辉映下显得黯然失色了。但是，虽说人们已经很少从他的思想中再去讨什么启发，这位哲学家的尊名却还总是要被人时时提及。这里，主要的恐怕就是因为它总是与Aesthetics这个词的创用连在一起，——要知道，这正是那门一直使思想家们睡不安稳的，被称为“美学”的学科！

作为一种常识，上面提到的事情已经被人们不假思索地接受了下来。但是，不知道可曾有人觉得这常识里也仿佛有一团乱麻：Aesthetics的原义既然是“感性学”，而“美”既然不过是区区的感性诸范畴（Aesthetic Categories）之一，人们却为什么又将“美”这样一个范畴去取代整个“感性学”的所有其他范畴，而把Aesthetics译成了“美学”呢？

这真使人满腹疑云。

让我们先来问问这事是谁干的吧。

问题一 谁把Aesthetics译成了汉字“美学”？

有趣的是，当我们着手为这个问题打破沙锅问到底的时候，竟然发现，这位大有“以偏概全”之嫌的“始作俑者”，原来并不是一个中国人，而是日本的那位因写了《一年有半·续一年有半》而为我国读者所熟悉的“东洋卢梭”——中江兆民（1847—1901）！

这是一种在中、西文化圈的边缘地带所特有的现象：一位大和民族的学者要引进一个西语词汇时，却往往要煞费苦心地组合照他看来是相应的汉字。而这又往往创造出了不少中文本来并没有的词汇，反过来为汉民族所习用。Philosophy，就是日本学者西周第一次把它译成汉字“哲学”（日文音读为：てつがく）的，后来我们也就习惯成自然地把它照搬上了汉语字典。这种情况实在是多得很。所以，如果我们考虑到，在首次将Aesthetics译成汉字“美学”（日文音读为びがく）的中江兆民逝世那一年，我国近代最先从国外引进所谓“美学”的大学者王国维正好刚刚赴日留学，则不难领悟到，汉语中的“美学”这个词，其实极有可能是经由日本引进我国的西文外来语。

有了这个答案，我们马上又得以再追问下去了——

问题二 日本学者又是根据什么把 Aesthetics 译成“美学”？

这就有必要来考察一下日本人对整个Aesthetics这门学科的理解了。我们来看一下《広辞苑》的“美学”条目——“阐明自然和艺术中美之本质与结构的学问，它以美的一般现象为对象，对其内外条件和基础发展进行阐明规定。”[①]原来，日本人把 Aesthetics 翻译成“美学”，自有他们的一番道理，因为他们不仅仅是这样翻译，而且还干干脆脆地把它解释成了美学——专门研究美的学问。

看来，日本人的这种解释，和 Aesthetics 之感性学的原义，有着相当的距离。那么，这究竟是怎么回事？莫非是我们跟着日本人犯了一次大大的翻译上的错误？莫非多少年来煞有介事地为美进行的往返论辩，整个说起来不

① 《広辞苑》，新村出版，岩波书店第2版，第1850页。

过是一场东方的误会？这真是太捉弄人了！太可怕了！

要回答这个问题，我们只有再来审视一下西方人自己对Aesthetics的解释——

问题三 西方人自己怎样理解Aesthetics的内涵？

思路一伸向西方，我们的"美学家"也许会马上松了一口气。原来，不仅是在日本，就是在西方，也有着所谓 Aesthetics"在传统上常被认为是哲学的一个分支，它是关于美及其在艺术和自然领域中的表现的认识"①，或者"它试图对比着道德和功利来弄清美的规律和原则"②，它是"关于美，特别是艺术中的美的学科，科学，或者哲学"③等等诸如此类的说法。

不仅如此，由于"美"这个范畴被借以代替了整个"感性学"的研究对象，所以该范畴的内涵与外延甚至在西方的"美学家"那里也产生了相应的歧义。比如鲍山葵（Bernard Bosanquet，又译"鲍桑葵"）较为强调"美"的广义：

> 对于我们所谓审美上（原义自然应是"感性上"——引者注）卓越的东西就必须有一个共同的性质和共同的原理，而我们给这种共同性质所能找到的唯一字眼就是"美"……但是话又说回来了，只要寻常人还存在的话，我们就需要一个用来指表面上看去审美上愉快的字眼，或者使普遍感受性觉得愉快的字眼；因此我们就不能使人们放弃"美"这个字的普通语言用

① 《大英百科全书》A卷，1964年，第221页。

② A.S. Hornby, *Oxford Advanced Learner's Dictionary of Current English*, Tokyo: Oxford University Press, 1980, p15.

③ *Longman Dictionary of Contemporary English*, Harlow [Eng.] : Longman, 1978, p15.

> 法。我们即使说崇高是美的一种形式，也总是会碰到有人反对；而当我们碰到那些严厉的、可怕的、怪诞的和幽默的东西时，如果我们称它们为美的，我们就是一般地违反通常的用法。[①]

然而，与鲍山葵的这种把“广义的美”看作“美的较正确意义”的观点相左，另一位美学家李斯托威尔却特别提醒人们注意“美”的狭义的科学性：

> “美”这个词，是有意识地按照两种不同的意义来使用的。有时用其通俗的含义，相等于整个的美感经验，有时则用某更严格的科学上的含义，与丑、悲剧性、优美或崇高一样，只是一种特殊的美学范畴。[②]

眼下我们自然毋须去费力判明鲍山葵和李斯托威尔上述说法的孰对孰错，因为这里使我们感兴趣的只是：这两种对“美”作出的小心翼翼的不同语义辨析，却都同样反映出了一个明白的事实：西方人也是把Aesthetics看成美学的。不然的话，他们就不会感到，因“美”这一个字眼儿横跨于广、狭两层次所引起的语义混淆必须加以澄清。

因此，看来问题还并非是出自翻译家。因为既然无论在东方还是在西方，Aesthetics都曾如此实实在在地被认定为美学——专门研究美的学问，那么，中江兆民将该词译作“美学”，也就正像人们把Zoology译成“动物学”一样

① 鲍山葵：《美学三讲》，周煦良译，上海：上海译文出版社，1983年，第43页。

② 李斯托威尔(Listowel)：《近代美学史评述》，蒋孔阳译，上海：上海译文出版社，1980年，第3页。

的自然而然。

那么，问题究竟出在哪儿呢？我们不难想见，它可能出在“美”这个感性范畴本身。看来，这个范畴似乎在Aesthetics这整个学科中的地位是显赫的和“不安分”的，它往往超越一个感性范畴所本来应有的狭小范围而一跃成为整个“感性学”的研究对象。这，仿佛才是Aesthetics之所以会是美学的原因。

于是，我们又得以追问下去——

问题四 究竟是什么原因，使得“美”会有这种超越性呢？

如果你熟知在传统美学理论范围内感性诸范畴的内在联系，你也许会顺手拈起一个显而易见的理由来：方便！的确，尽管随着人类感性心理日趋发达和人们对感性活动分析的日渐精细，感性范畴已名目繁多，而且将越来越多，但若从系统的观点着眼，循着对它们的现有解释进行分析，则不难发现“美”却始终有着一种难以动摇的居于核心地位的“第一范畴”的地位。“美”本身已有不少亚种，比如“优美”和“优雅”，前者偏于玲珑、轻盈、娇柔、妩媚、伶俐、圆润，后者偏于匀称、精巧、大方、脱俗、淡泊、宁静。“美”又可以推导出其反范畴——“丑”来，而“丑”又可以有不少亚种，比如“卑劣”和“怪诞”，前者偏于道义上的虚无、堕落，更付诸于内在情感，后者偏于形态上的出人意表，更付之于感知意象。“美”和“丑”这一对范畴又可以像光学上的原色一样，在现实和艺术的调色板上，调出一系列的感性色彩来。比如“崇高”，便可以说是在“丑”的阴影笼罩下更加显示出其威严和伟大力度的一种惊心动魄的“美”。比如“滑稽”，便可以说是在“美”的脂粉涂抹下益发暴露出其矫饰和捉襟见肘的一种逗人喷饭的“丑”。而“悲剧”和“喜剧”，则又可以说正分别是“崇高”和“滑稽”展开的过程和衬托的场景……如此看来，在传统美学的自身范围内，赋予“美”一种广义，的确可以帮助人们举一反三乃至一通百通地把握住整个Aesthetics这门学科所要涉猎的全部感性对象；因而，倘若从方便即合理的意义上讲，或者也不妨说，让“美”在Aesthetics中享有这样一种唯我独尊的超越性，竟也很有一点儿道理。

如果不是“丑”这个鬼东西跳出来大声抗议，我们真是几乎要满足于上述解释了。然而，只要不再囿于传统美学的圈子，我们却又不难推想，上述的作为“第一范畴”的功能，从逻辑上讲，显然绝非“美”所独具。“丑”也可以同样顺水推舟似地导引出一整套的感性范畴来（其中第一个就是“美”！），而且这一整套范畴都将会因由“丑”派生而打上与现存美学体系中诸感性范畴之内涵截然不同的印迹来。这不也同样的“方便”，同样的“合理”吗？可是，为什么过去“丑”就偏偏缺乏“美”那么令人羡慕的超越性呢？

看来刚才我们还没有想到点子上。

仅仅在传统美学体系的内部兜圈子，似乎是解绝不了问题的。因为在这里，我们只能预先假定“美”的超越性，然后以此为公设，推导出一整套感性学上的“欧几里得系统”来。用这种办法，尽管我们可以从情感上抵触，却不可能从逻辑上否定人们同样可以假定“丑”的超越性，从而推出一整套感性学上的“非欧几何系统”来。

的确，正如哥德尔的“不完备性定理”告诉我们的，任何一种看起来似乎足够丰富的逻辑系统，都是不完备的和有限的。每一个理论体系，都有其“火力的死角”，留待此系统以外的系统去证明。因此我们可以想象，“美”的超越性问题，绝不是仅仅停留在传统美学内部就可以理论得清楚的，它还需另一个更大的逻辑系统来维护。

其实，黑格尔早就思考过了这个问题。

我们都还记得，这位德国哲学大师，也是曾经赋予了“美”以超越性，从而将Aesthetics视为美学。他不仅在《美学》中开宗明义地说“它的研究对象就是广大的美的领域”，而且还更认为，Aesthetics，因其感性学的原义，对于他所论述的这门学科来说，并不是一个精当的名称。依他的意见，应该用Kallistik（希腊文Kallos，原义即为美，故如果用德文Kallistik的话，人们就毋须再像中江兆民那样去苦心意译了，直译就是“美学”！）甚至“美的艺术的哲学”的名称取而代之方才妥帖。所以，我们看到，在把Aesthetics当成美学的观点上，他比别的思想家走得更远，也更自觉。

但是，黑格尔的严密性在于，作为一个体精思微的思想家，他既然自觉地赋予了“美”以这种“至上性”，便要自觉地为自己的做法大力辩解：

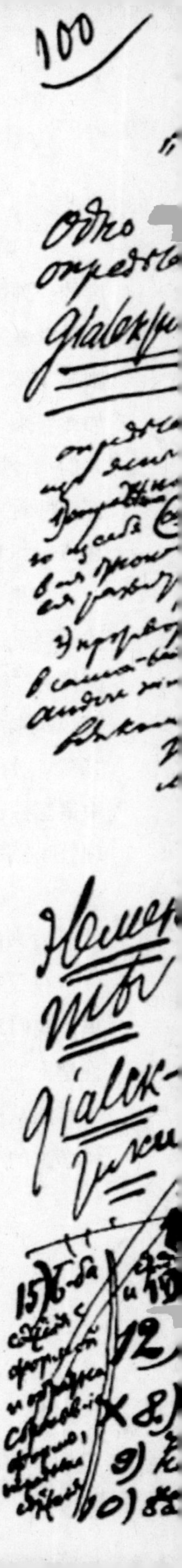

黑格尔《逻辑学》手稿（约1914年）。

und „des absoluten Erkennens" ist analytisch......
„... ebenso sehr synthetisch"...... (336)

„Dieses so sehr synthetische als analytische Moment des Urtheils, wodurch das anfängliche Allgemeine aus ihm selbst als das Andere seiner sich bestimmt, ist das dialektische zu nennen" (336)... (+ см. след. стр.)

„Этот столь же синтетический, как и аналитический „момент суждения", в силу которого (момента) первоначальное общее [общее понятие] само из себя определяет себя как другое по отношению к себе, должен быть назван диалектическим".

16) переход к-ва в кач-во и v.v. ((15 и 16 суть примеры 9))

...в ее отн. и в развитии в синтез...

3) соединение анализа и синтеза, —

элементы диал-ки, видимо. Пожалуй, эти элементы можно изложить подробнее так:

1) объективность рассмотрения (не примеры, не отступления, а вещь сама в себе).

2) вся совокупность многоразличных отношений этой вещи к другим.

3) развитие этой вещи (resp. явления), ее собственное движение, ее собств. жизнь.

4) внутренне противоречивые тенденции (и стороны) в этой вещи.

5) вещь (явление etc.) как сумма и единство противоположностей.

6) борьба resp. развертывание этих противоположностей, противоречивость стремлений etc.

7) соедин. анализа и синтеза, — разборка отд. частей и совокупность, суммирование этих частей вместе.

Вкратце диалектику можно определить, как учение о единстве противоположностей. Этим будет схвачено ядро диалектики, но это требует пояснений и развития.

11) бесконечный процесс углубления познания человеком вещи, явлений, процессов и т. д. от явлений к сущности и от менее глубокой к более глубокой сущности.

12) от сосуществования к каузальности и от одной формы связи и взаимозависимости к другой, более глубокой, более общей.

8) отношения каждой вещи (явления etc.) не только многоразличны, но всеобщи, универсальны. Каждая вещь (явление, процесс etc.) связана с каждой.

9) не только единство противоположностей, но переходы каждого определения, качества, черты, стороны, свойства в каждое другое [в свою противоположность?]

10) бесконечный процесс раскрытия новых сторон, отношений etc.

> 如果要说明我们的对象（即艺术美）的必然性，我们就必须证明艺术或美是某些前提或先行条件的结果，这些先行条件，如果按照它们的真实概念来推演，就会以科学的必然性生发出美的艺术的概念。但是我们现在是从艺术、艺术的概念以及这概念的实在性出发，而不是从艺术概念按其本质所必用为推演根据的先行条件出发，所以对我们来说，艺术作为一种特殊的科学对象，须先有所假定，这个假定却不在我们的研究范围之内，而是另一种科学的内容，属于另一个哲学部门的……一切个别部门的哲学如果孤立地研究，都不免有这种情形。只有全体哲学才是对宇宙作为一个有机整体的知识……①

好，按着黑格尔自己的思路，我们又把追问提高了一个层次——

问题五　“全体哲学”为什么要规定“美”作为传统“感性学”的逻辑出发点呢？

读者们一定会发现，“问题五”可绝不再是三言两语就可以回答的了。

首先，黑格尔本人的《哲学全书》，就已经是卷帙浩繁的了。要走入黑格尔的艺术哲学，那我们必须从作为他《哲学全书》“导论”的《精神现象学》开始，而《逻辑学》，而《自然哲学》，方可抵达。这样，即便我们叙述的线条很粗，也很需要一点儿笔墨哩！

其次，我们又想起黑格尔那句“哲学便是哲学史”的名言来，故此怀疑

① 黑格尔：《美学》第一卷，朱光潜译，北京：商务印书馆，1979年，第31页。

黑格尔所谓的“全体哲学”，就不仅仅是指他自己的《哲学全书》，而且还更指整个地摊在历史上的那一大本《哲学全书》，即整个的哲学史。黑格尔从来就强调自己的哲学是前此哲学史的总结，他说，他的哲学——“那在时间上最晚出的哲学系统，乃是前此一切系统之总结，故必包括前此各系统的原则在内”[①]。这样，我们的思路就不觉被他更带进了整个的哲学史这条漫长的大河之中。

再说，最为叫人感到复杂的是，当我们回顾哲学的历程时，我们会发现，尽管西方充满理性精神的哲学直接孕育了科学，它也时时自诩为可以解释一切的科学，然而问题还有另外的一面：由于哲学自身又是整个文明图式的一个因子、一个环节，它的发展就不能不受这种图式中其他因子和环节的吸引甚至制约；所以，与历史上的哲学家们企图用科学精神去解释人们的文化的初衷大相径庭的是，后人总是可能发现，他们自己的“科学”体系却又非得以文化的角度才能充分解释。这样，就给我们回答“问题五”的企图带来了更大的麻烦：我们必须从全体文化中的全体哲学里，才能为这个问题寻求到满意的答案。

既然是如此“路漫漫其修远”，那还是让我们重新换一章，到一个更为广远的时空区间之中去展开我们的求索吧！

① 黑格尔：《小逻辑》，贺麟译，北京：三联书店，1980年，第66页。

第二章

孩提之梦：古希腊人对“美”的信仰

雅典帕提农神庙，建于公元前1447—前438年。

我们的思想来到了爱琴海域，来到了西方文化（当然也是西方哲学）的源头。

"爱琴"！真想考证一下，究竟是谁，将地中海在希腊和土耳其之间的那一部分—— Aegean Sea，翻成了一个如此美丽而贴切的中文名字！因为这里的滚滚波涛，推动着希腊半岛这只西方文明的摇篮，的的确确是哺育了一个不仅是爱琴，而且还爱情歌，爱史诗，爱戏剧，爱雕刻，爱瓶画，爱建筑的伟大民族！

第一节

研究希腊宗教的特殊意义

基于论题，我们对于这样一个伟大文化的研究，应该从什么地方入手呢？

从艺术吗？但是，别林斯基却这样说，“艺术从来不是独立——孤立地发展的：相反地，它的发展总是同其他意识领域相联系着。在各民族的婴儿和青年时代，艺术或多或少地总是表现了宗教思想……在希腊艺术中，象征和比喻终结了；艺术成了艺术。这原因，应该到希腊的宗教中去寻找，到它的包罗万象的神话的深刻、完全成熟和确定的涵义中去寻找。”①

的确，希腊宗教乃是希腊艺术的摇篮，甚至无论从形式还是内容来看，都几乎是和后者一而二二而一的东西。马克思就曾经这样写道：“希腊神话不只是希腊艺术的武库，而

① 〔苏〕阿尔巴托夫、罗斯托夫采夫编：《美术史文选》，佟景韩译，北京：人民美术出版社，1982年，第29—30页。

② 《马克思恩格斯全集》第46卷上册，北京：人民出版社，1956—1985年，第48页。

且是它的土壤。”[②]所以，正如鲁迅所说的那样，“倘欲究西国人文，治此（指神话——引者注）则其首事，盖不如神话，则莫由解其艺文”。[①]

我们不探究希腊的宗教，就很难从根本倾向上把握希腊人绚丽多彩的艺术表象世界。

那么，我们直接从哲学家的思想开始好不好呢？恐怕也不行。我们知道，希腊哲学同样也是以希腊宗教为温床的。希腊先哲们选择什么样的现象（比如就是天地间之“美”的现象）为题来施展自己的辩才，又不由自主地或者说先入为主地走向什么样的结论，那都是有其宗教根源的。孔德有一个著名的关于人类思想发展的公式：“在神学阶段，人类精神探索的目标主要是万物的内在本性，是一切引人注意的现象的根本原因、最后原因，总之，是绝对的知识，各种现象被看成一些为数或多或少的超自然主体直接地、连续地活动的结果，这些超自然主体的任意干涉，被用来说明宇宙间一切貌似反常的现象。形而上学阶段其实只不过是前一阶段的略为改头换面，在这个阶段，人们把那些超自然的主体换成了一些抽象的力量，一些蕴藏在世界万物之中的真正的实体（人格化的抽象物），认为它们能够凭自身产生人们观察到的一切现象，因此要说明这些现象，就只消为它们分别指定一个相当的实体。”[②] 马克思也有过与此相当近似的说法：“哲学最初在意识的宗教形式中形成，从而一方面它消灭宗教本身。另一方面从它的积极内容来说，它自己还只在这个理想化的、化为理想的宗教领域内活动。”[③] 因此，我们不探究希腊的宗教，就很难找到蕴藏在古代希腊哲人心灵深处的、掩于深思熟虑形式背后的那个充满圣光的逻辑公设，从而也就很难对他们的玄学思辨进行充分的理性

① 鲁迅：《鲁迅全集》第7卷，北京：人民文学出版社，1981年，第243页。

② 洪谦主编：《现代西方资产阶级哲学论著选辑》，北京：商务印书馆，1964年，第27页。

③ 《马克思恩格斯全集》第26卷上，北京：人民出版社，1956—1985年，第26页。

反思。

看来，希腊宗教在整个希腊文化中的作用是极大的。

当代西方的文化人类学家认为,任何一个文明图式的意识形态核心都是宗教。不过，细考起来，他们所谓“宗教”一词的含义，似乎更宽泛一些，只是指一种世界观的具体化,因而上帝既可以是超自然的,也可以是世俗的。根据我们的论题，我们没有必要把“宗教”一词的内涵说得那么宽，因为希腊的神祇无论如何总是超自然的。我们这里只想借助他们的研究成果来为下述结论提供佐证：

研究希腊文化必须从宗教入手。

第二节

方法的检讨

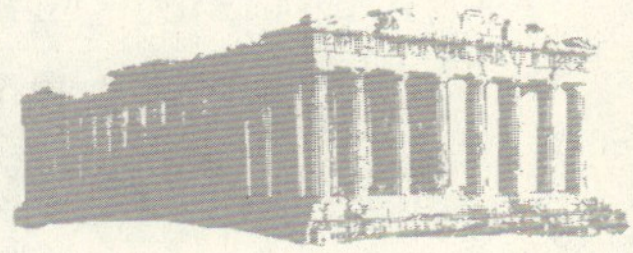

我们眼下当然既没有必要也没有可能把整个希腊宗教中的所有问题都一一涉猎一遍。

从我们所希望回答的问题出发，我们只打算借着古希腊的多神教之便，从理性的角度对当时的神话传说稍作逻辑梳理：先进行定性分析——找出几个蕴藏在这些神话表象之中或之后的一般抽象概念，再进行关系分析——从具有象征意味的神与神之间的关系中大致找出古希腊人对其感性生活的直觉理解。

假如我们一开始就这么做，我们也不是没有先例好援的。比如，我们可以举马克思之于《被缚的普罗米修斯》、恩格斯之于《俄瑞斯忒斯三部曲》、黑格尔之于《安提戈涅》、弗洛伊德之于《奥狄浦斯王》……然而，为了谨慎起见，我们仍不妨先对这种逻辑梳理的方法本身进行一点儿检讨。

不待言，上举马克思等作家对古希腊神话的不同发微，却有着两个共同的前提，那就是：第一，他们都认为这种原始的和古老的思想方式中贯穿着（或疏或密的）自身逻辑系统。列维—斯特劳斯对此持极端的肯定态度，他坚持认为理性生活与感性生活中严密的逻辑是原始思维重要的固有特点，因而图腾的分类也就被他看作一种特殊的科学和哲学成就，这样，神话系统“应当按其形式（例如作为音乐的形式）加以研究。神话系统中可观察的事物和可理解的事物都被具体地看待，并因此能够被形式化”①。第二，他们进而又都认为这些神话传说的内在结构在不同程度上存在着与现代理性的某种契合。罗斑在阐述赫西阿德的《神谱》时，也对此表示了一种极端的肯定态度：“我们不能在这里来找一个哲学上的学说。但它仍不失为一种潜在地合乎理性的，对于一个特定社会特定时期中希腊文明的内容与希望的思考……以后的理性思想，也无非是继续这种神话式的神统纪和创世纪的工作；只是因为改变了方向而改变了这种工作的形式，这种理性的思想就使人们误以为是一种全新的差不多是自发的创造，而其实它也不过使一个先已存在的萌芽发育出来罢了。”②

不过，如果考虑到列维—布留尔的告诫，我们就会认识到，上述两个前提并不是无可争辩的。布留尔曾将原始思维方式称为被“互渗律”（简单地说就是像休谟说的主观连念一样，任何东西都能产生出任何东西来）渗透的前逻辑思维方式；他这样对我们写道：“原始人思维中的综合，如我们在研究他们的知觉时见到的那样，表现出几乎永远是不分析和不可分析的。由于同样的原因，原始人的思维在很多场合中都显示了经验行不通和对矛盾不关心。集体表象不是孤立地在原始人的思维中表现出来的，它们也不是为了以后能

① 布洛克曼(J.M.Broekman)：《结构主义：莫斯科－布拉格－巴黎》，李幼蒸译，北京：商务印书馆，1980年，第116页。

② 罗斑：《希腊思想和科学精神的起源》，北京：商务印书馆，1965年，第38—47页。

够被安置在逻辑次序中而进行分解。”[③]

那么，理性分析在这种宗教研究中究竟还有没有用武之地呢？我自己的看法，是必须基于论题而从上述两种互不见容的论断中取居中态度。一方面，既然我们所要研究的希腊神话已经由于被“从野蛮时代带入文明时代”而打下了许多文明的烙印，你就没有理由把他们的思维方式说成是完全混沌未开的。应当承认，理性作为人类文明中现有的最高成就，它的发展过程和迄今为止的文明史过程是同步的；或者换句话说，人类的全部进步都体现于他们从思维方式的前逻辑阶段的逐渐摆脱。因此，在相对来说比较进步和文明的古希腊人那里，我们完全有理由认为他们符合列维—布留尔的下述假定——“假定在某个社会中，思维连同制度一起进化了，假定这些前关联削弱了并不再具有摆脱不掉的性质，则人与物之间的另一些关系将被感知，表象将具有一般的和抽象的概念的形式。”

然而，在另一方面：我们又应当承认，人类从“互渗律”中摆脱的过程是相当漫长的，即使现代人的思想中也有相当可观的杂乱无章的地方。因此，在古希腊的宗教表象中，逻辑的成分与前逻辑的成分，自当是鱼龙混杂的，“不分析和不可分析”的地方还很多。（神话本身就是这种前逻辑思维的结果。）

因此，通过检讨，我们到达了这样的结论：对于希腊宗教的有条件的理性分析是可能的，但必须用布留尔的观点来冲淡斯特劳斯的看法，——既希望条分缕析，又不勉为其难，能解释的便解释，不能解释就只好暂时还将它归咎于“互渗律”。

③ 列维—布留尔：《原始思维》，丁由译，北京：商务印书馆，1981年，第101—102页。

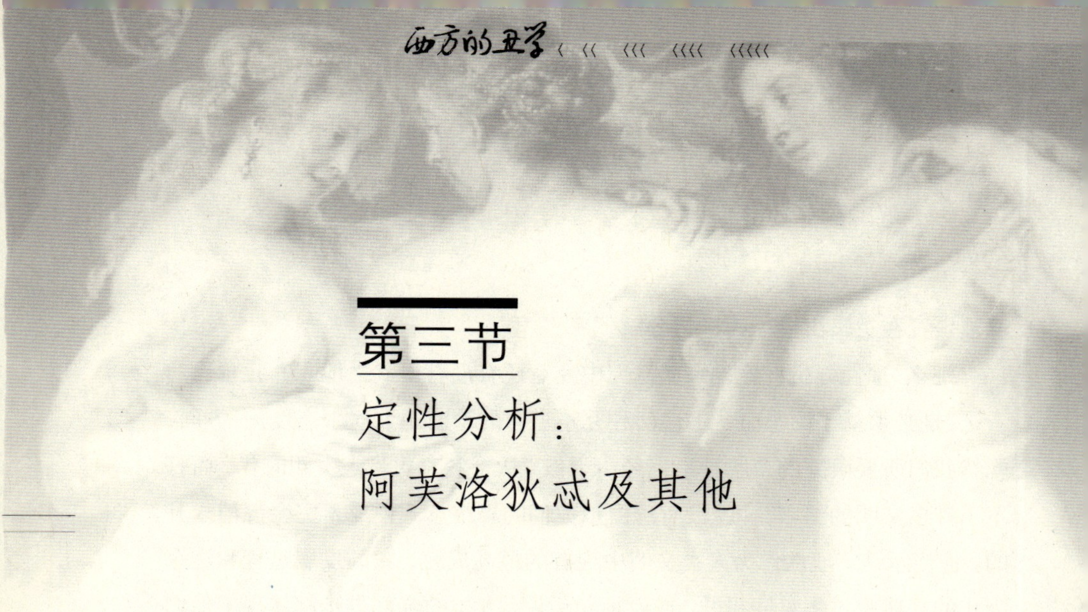

第三节

定性分析：阿芙洛狄忒及其他

有了上面奠定的基础，就让我们开始对希腊宗教中有关的神明进行一点儿定性分析吧。首先需要寻找一位“感性之神”。一般来说，古希腊神祇的分工都不见得很严格，更不会像现代逻辑学分类方法所要求的那样相互排斥。在感性生活方面，且不说那九个小神缪斯，光主要的神也有狄奥尼索斯、阿波罗、阿芙洛狄忒这样三个，他们都可以被归类于“黎明、春天和出生方面的神”（诺斯洛普·弗莱语）。对于这前两位男性神祇，我们都熟悉尼采关于醉神和梦神持续争斗又相互结合的说法，所以不妨借着精神分析心理学的术语，把前者说成是原始冲动的象征，把后者说成是升华的象征。不过，阿芙洛狄忒女神，却又反映出问题的另一面，似乎灵与肉在希腊人那里并没有这般截然划开。阿芙洛狄忒对

《阿芙洛狄特和潘神》，约公元前100年，现存雅典考古博物馆。

于前二者的秉性兼而有之：既作为人们性欲冲动的对象——爱神，又作为人们审美观照的对象——美神，既纵欲狂欢于床笫之间，又亭亭玉立于大理石座，既放荡撩人，又冰清玉洁，既妩媚多情，又一头娇羞。如照现代思维习惯来看，除了性别可以导致前二者与后者的分野（因而导致了前二者的阳刚和后者的阴柔）之外，恐怕我们不归咎于"互渗律"，就很难理解感性生活何以在希腊人的表象世界里这般既有分又有合了。

也许，这一回，那种充满惯性的思想中的"互渗律"反倒也给了我们一点儿方便，因为我们恰好可以将"合二而一"者阿芙洛狄忒当作最具资格的感性代表神，这位女神所司掌的爱与美，恰好分属于人类感性生活的两个主要方面：感情与感知，而在希腊神话中又没有与之相对应的专司恨与丑的神明，这就启示了我们，阿芙洛狄忒的玉体，绝非一个仅仅能够生儿育女的母体，而是人间一切感性现象的感性凝结物。

这种感性生活，在希腊人那里，不仅意味着感性动作的发出

者，还更意味着全部的感性对象。这一点，正如丹纳所说：

> 最近，各种神话的比较研究指出，与印度神话有亲属关系的希腊神话，原先只表现自然界各种力量的活动，后来由语言逐渐把物质的原素和现象，把物质原素的千变万化的面目，把它们的生殖力，把它们的美，变做了神。……你望着碧蓝的南海，光辉四射，装扮得如同参加盛会一般，如埃斯库罗斯所说的堆着无边的微笑，那时你被醉人心脾的美包围了，渗透了，想表达这个美感，你就会提到生自浪花的女神的名字[阿芙洛狄忒]，跨出波涛使凡人和神明都为之神摇魂荡的女神的名字。[①]

阿芙洛狄忒的第一种出身，也就是她名字的希腊文本义，刚刚丹纳已经说了。但我们记得对此还有另一种说法，说她是宙斯和狄奥妮的女儿（这恐怕又只好求救于“互渗律”了）。由她的这后一种出身，我们想起了她的一位姐妹——雅典娜。据说宙斯为了躲避劫数而吞下了他的第一位妻子——量度、心灵和智慧女神美娣丝之后，不仅是吸收了她的品质而成为智慧之神，而且还在头颅内孕育了这位雅典的守护女神。这种传说也许能够给我们对她的功能的分析带来一点儿启发。利奥那德 · 辉伯雷等人编著的《希腊研究指南》介绍说：“早先的时候，雅典娜好像是许多地方的主神，她能使田野和果树丰产，也能使她的子民青春不老；在战争中，她赐与人们勇武精神和胜利，在

① 丹纳：《艺术哲学》，北京：人民文学出版社，1963年，第322－323页。译名为取一致有所改动。

和平日子里，她则使人们精于技艺。以后，她的特性中更伶俐，更富于智慧的那一面突出了，特别是作为雅典城的守护女神，她被看作文学、艺术和科学中希腊天才的卓越代表。”我们想，雅典娜逐步获得了“智慧女神”的分工，很可能就同步反映出了希腊民族特别是雅典人民随着生产发展而来的民智渐开，所以，这位“雅典的女子”才又号称反映着手工业发达的“工艺之神”。因此，与她的姐妹阿芙洛狄忒不同，雅典娜能代表的恰好是人们的理性生活，——雅典人民正是将自己日益焕发出的才具，日渐升华出来，想象出了这样一位理智之神。

在希腊人的朦胧直觉中，理性也许不仅仅属于他们自己，而且还属于那种导致这种人类思维结构的外在世界的相对齐一和恒常。这一点不难理解，因为在智慧未开时人们对主、客体的界限不可能有明确的自觉。所以，希腊人就将自身的理智秉性外化或泛化了，认为雅

《狄奥尼索斯》

典娜正是大自然之灵气，丹纳写道："雅典娜的光辉无处不在；用不到思索，用不到学问，只消有诗人或艺术家的眼睛或心灵，就能辨别出雅典娜女神和事物的关系：灿烂的天色中有她，辉煌的阳光中有她，轻灵纯净的空气中也有她。雅典人认为他们的创造力和民族精神的活跃都得力于这位轻灵的空气……"①，这样"主客无间"、"天人合一"的直觉，也许正是海德格尔所一再表示留恋的那种原始境界吧？

既然感性之神又象征着感性对象，理智之神也象征着理性对象，我们的目光就油然被从内省引向外界。让我们循着这两位女神的血统，或者说，循着人类感性和理智这两种心理功能，上溯到外部世界的一位更强有力者宙斯。

按说，从习惯了一神教的眼光来看，对一位"众神之父和万人之王"，我们已经太熟悉了。可是，细细地考察一下古希腊的多神教，我们却又觉得，有的时候，并不能将宙斯与基督教的耶和华之类的全知全能的万物本原做简单的比附。只要一打开《旧约》，我们立刻就会发现造物主的至上：

> 起初神创造天地。地是空虚混沌，渊面黑暗。神的灵运行在水面上，神说：要有光、就有了光……

然而，宙斯，这位奥林匹斯山的新主，却远不是造物，而是被造。诚然，他往往俨然就是宇宙主宰，至上权威，甚至声言可以为所欲为地一把将众神连同海洋和大地拉起来投在奥林匹斯山的山顶。但是，在他背后，却不时显示着另一个更为强悍有力的隐蔽者。在希腊的传说中，正像我们刚才从雅典

① 同上书，第332页。

娜的出生所看到的那样，不仅仅是人（如奥狄浦斯），要皈依一种冥冥的劫数，便是宙斯本人，也往往要对被虚构出来的命运女神表示畏惧和服膺。正由于这样，宙斯才痛恨普罗米修斯，因为他竟然矢口不讲那个可怕的秘密：在命运女神的安排下自己如果和谁结合就会重蹈其父旧辙，去生下一个更厉害的儿子取自己的王位而代之；也正由于这样，宙斯才在特洛伊战争的关键时刻为决定赫克托耳和阿基里斯的生死而不得不询问象征着命运女神无上意旨的黄金天秤。这位神主，竟像“儿皇帝”一样毫不难为情地对众神说：“命运女神对于我也正如对你们一样是毫不容情的！”[1]这更足以使我们想到这位神祇的有限性。

宙斯的地位实在是很特殊的。一方面，就像在遗传学中一样，他只是统一了感性之神和理智之神的不同性状，表现为人类的感性对象加理智对象，只是有限地展现于希腊人视野之内的一切可见可知现象的总体象征。而在另一方面，由于他一般说来往往在“替天行道”，部分地体现着命运女神的意志，所以这种有限性往往又被突破，使宙斯与那种为希腊人常常体会到的冥冥不可知的处于本体界的无限宇宙大劫合而为一。如果不归咎于“互渗律”，大概我们就无法理解为什么希腊人那里会有这样一个既有限又无限的神明。

罗素曾经说过，在古希腊思想中，一种最深刻的信仰，还是对于“命运”、“劫数”的信念。而我们现在则可以补充一点，人们对命运女神的崇拜，也曾部分地落到了宙斯身上。人们正是借助于宙斯大神的形象，把有限无限化或神化，同时又把无限有限化或人化，从而把上界与下界有机地沟通起来。他，正是人们表象世界中的登天之梯。

① 斯威布：《希腊神话和传说》下册，楚图南译，北京：人民文学出版社，1959年，第534页。

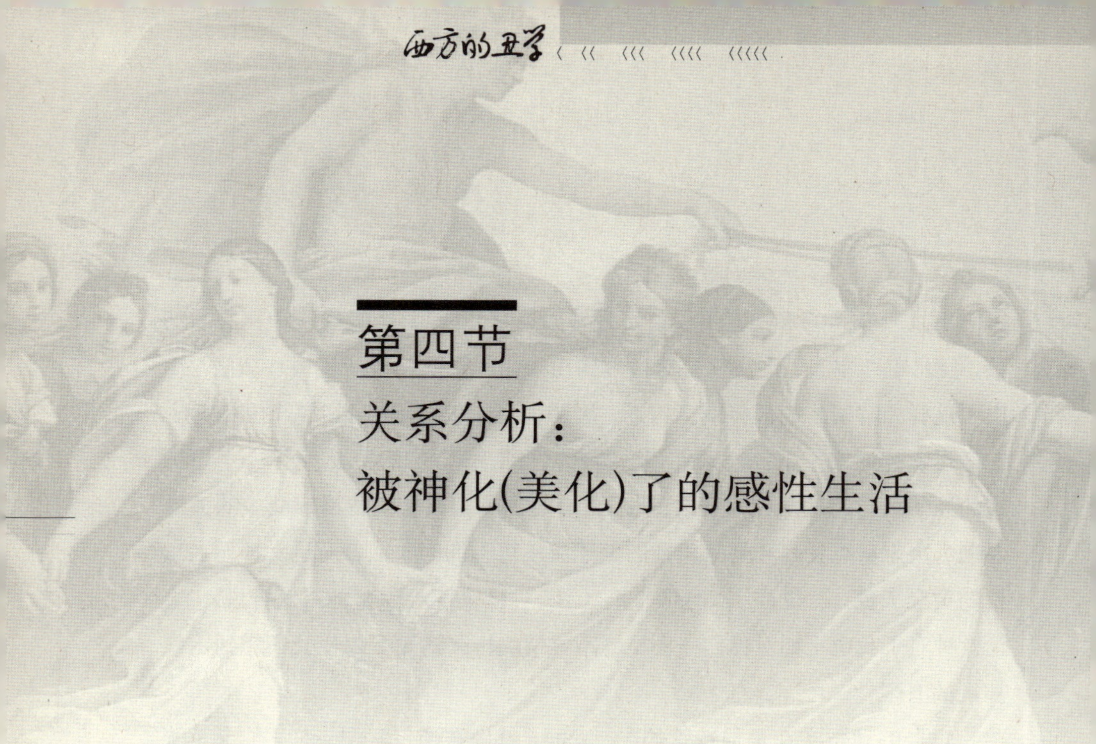

第四节

关系分析：被神化(美化)了的感性生活

有了上面定性分析的基础，我们顺下来再对上述几位神祇进行一点儿关系分析，藉此窥探一下希腊人眼光中的世界究竟从总体上说来是一副什么样子。

既然宙斯体现着一种被表象着的有限化的无限造物，那么，当人们沿着女神阿芙洛狄忒和雅典娜的家谱上溯到了宙斯之后，希腊人也就在认识中把自己的理性与感性以及作为这二者对象的现象界乃至它背后的本体界沟通了。他们正如黑格尔所叙述的那样，对整个世界都因而怀有一种“家园之感”，“他们认识到根本和本源之为根本和本源，——不过这根本与本源是内在于他们的”。[①]

而正是基于这种神祇之间的基本关系，基于他们对整个世界的看法，我们可以体验到古希腊人对自己的感性生活

① 黑格尔：《哲学史讲演录》第1卷，北京：三联书店，1957年，第159页。

持什么态度。

虽然充满情欲，但感性之神阿芙洛狄忒却决不是近代的靡非斯陀，她的正统的神性是无可怀疑的。这种神性有古希腊人的理性认识在暗中护驾：虽然理智的遗传基因只在雅典娜那里表现为显性，而在阿芙洛狄忒那里表现为隐性，但希腊人却绝不以为他们的任何感性冲动是盲目的行为，因为它同样禀有雅典娜的那种天地间的灵气，同时也暗合着命运女神纺锤的节拍。

凭着这种古希腊式的天人合一的乐观信念，古希腊人，一方面用目击过的地上的阿芙洛狄忒的美来美化或人化天上的命运女神（请回忆一下帕提农神殿东三角楣上那三个由丝质长袍裹起的，洋溢着青春活力的少女身躯——命运三女神！），另一方面又反过来以后者为绝对的支撑点来更加美丽地在想象中神化尚未有幸观瞻过的阿芙洛狄忒的千娇百媚（请回忆一下米洛斯的阿芙洛狄忒！）。这样，借助于宙斯这座桥梁，尽管上界集中了尘世感性生活的美，却不仅从未将它从后者中剥夺，反而给了后者以绝对的

《命运三女神》，出自帕提农神殿，约公元前438–431年，现存伦敦大英博物馆。

逻辑或心理支持；天地之美，在希腊人看来，充其量只有量的不同，而绝无质的差异。

而正是凭着上述这种支持，古希腊人不自觉地让美在被神化之后在整个感性中获得了一种“超越性”，几乎涵盖了其他一切种类的感性体验。他们几乎将一切感性生活都看作正值的。几乎可以说，感性的外延有多么广，美的外延也就有多么广；美的内涵有多么深，感性的内涵也就有多么深。

这正是黑格尔所曾说过的：

> 希腊人以自然和精神的实质合一为基础，为他们的本质；并且以这种合一为对象而保有着它，认识着它……希腊人的意识所达到的阶段就是“美”的阶段。[1]

而既然希腊宗教本是“美的阶段”的宗教，黑格尔的两位学生，马克思和鲍威尔，也就在他们于1841—1842年间匿名发表的小册子里，把它说成是“美的、艺术的、自由的、人性的宗教”。

这确乎是“美的宗教”——

> 希腊人心目中的天国，便是阳光普照之下的永远不散的筵席，他的神明是“快乐而长生的神明”。他们住在奥林匹斯的山顶上，“狂风不到，雨水不淋，霜雾不降，云雾不至，只有一片光明在那

《米洛斯的阿芙洛狄忒》（俗称《断臂的维纳斯》），大理石雕像，公元前130年。

① 同上书，第160页。

> 里轻快地流动”。他们在辉煌的宫殿中，坐在黄金的宝座上，喝着琼浆玉液，吃着龙肝凤脯，听一群缪斯女神“用优美的声音歌唱”。[①]

以傅雷先生华彩的译笔来描摹如此美丽的遐想，真是妙不可言！

也许有人会说，这种美丽的传说，并不是为希腊民族所独有的，比如我国《列子·汤问》中，就有一段记载与上述描绘十分相似：

> 禹之治水土也，迷而失涂，谬之一国，滨海之北……，其国名日终北。……无风霜雨露，不生鸟兽虫鱼草木之类，四方悉平，周以乔陟。当国之中有山，山名壶领，状若甔甀，顶有口……有水涌出，名日神瀵，臭过兰椒，味过醪醴。一源分为四埒，注于山下，经营一国，亡不悉偏。土气和……不君不臣，男女杂游，不媒不聘；缘水而居，不耕不稼，百年而死，不夭不病。其俗好声，相携而迭谣，终日不辍音，饥倦则饮神瀵，力志和平，过则醉，经旬乃醒。

然而，即便如此，我们仍然认为，古希腊人的“美的宗教”有其独到的特点，这特点就是，他们决没有把这种对美的向往只限于想象。他们在感性中神化了天国，更用这种天国来神化自己的感性。他们的宗教意识，一方面是他们生活的理想化，另一方面也是他们生活中追求的理想。他们爱健康秀美的人体，于是就尽可能地把阿波罗、阿芙洛狄忒诸神雕刻得健康秀美；他

① 丹纳：《艺术哲学》，第266页。

们的神明有血有肉，有七情六欲，于是他们也就尽可能地狂欢于地上乐园！

马克思和鲍威尔把这种宗教说成是人性的宗教，威尔·杜兰特在《世界文明史·希腊的兴起》里说它是“富于人性的宗教”。是的，如果我们能将这种宗教与其他宗教比较起来，更可以看出，由于在其间主客体的关系比较平衡和融洽，“美的宗教”的确是一种充满人情味儿的，很少压抑感的宗教。比如，《佛本行集经》讲过一个故事，说五百商人为求财而落难于海，唯商主一人漂于一渚——昆尸波提婆，而后，他在此一晌贪欢而又贪心不足，终于被戴上了炽燃的铁火轮。他不由作偈道：“由我贪欲不知足，今逢如此苦厄难”。可是，虽说禁欲一般说是宗教的特征，古希腊“美的宗教”却绝无这个特征。虽同为信仰，对于绝大多数希腊人来说，与其奉由埃及传人的奥尔弗斯神秘教义（据希罗多德）而苦苦修行，何如信醉神狄奥尼索斯去欢娱百年，何如信梦神阿波罗去点饰人生，何如信阿芙洛狄忒去爱恋美好；虽同敬神祇，他们何尝像后来的基督徒那样以否定现世来肯定天国和来生，以厌恶感性生活去礼赞道德戒律和理想极境，——他们从不知“原罪”为何物，自然毋须“赎罪”！

也正因此，我们才能设身处地地体验到，一位感性之神，何以在古希腊人那里，会集爱和美于一身：正因为被神化了的感性生活是美丽的，所以她才如此可爱；正因为被神化了的感性生活是可爱的，所以她才倍加美丽。《会饮篇》里，那些对爱神的异口同声的讴歌，虽未必全然见容于柏拉图，却无疑道出了当时大多数人的共同心理——“自从爱神降生了，人们就有了美的爱好，从美的爱好就产生了人神所享受的一切幸福。”①

① 柏拉图：《柏拉图文艺对话集》，朱光潜译，北京：人民文学出版社，1959年，第249页。

第五节

作为祈祷的审美和化入极境的艺术

神总是人造的。当希腊人把感性生活神化为美神的同时，他们势必也就把自已造就成美神的子民。因而毫不奇怪的是，“美的宗教”教导出了整整一个民族的“美的信徒”。

令人惊异的是，在传说中，对于古希腊民族来说，美的力量竟是如此之大，——以至于帕里斯王子放弃了赫拉和雅典娜的诱惑，宁愿不要做最伟大的君主或最勇武的战士，而宁愿拜倒在阿芙洛狄忒的石榴裙下做最美的女子——海伦的丈夫，以至于人们为了夺回这个绝美的海伦竟不惜发动一场为时十年的艰苦远征，以至于人们甚至在血流漂杵之后一见到天姿绝伦的海伦仍不禁要说这种对美的争夺是值得的，以至于人们后来仍然为那个在《奥德赛》中曾自责不要脸的海伦竖立了供顶礼之用的神像，以至于人们竟认定毁谤海伦这位美的化身就定遭天罚，甚至盲诗人荷马之瞎就是因为他诬蔑海伦曾经私奔！

想到这里，我们就会对那位著名的雅典公民（也就是著名的美的信徒）伯里克利斯的名言有更深入的体会了——

“我们是爱美的人”！

在阿芙洛狄忒的圣光普照之下，“美的信徒”们既然对美有着如此狂热的宗教感情，坚信“追求美而不亵渎美，这种爱是正当的”（德谟克利特语），把爱美当作最大的敬神，把审美当作最好的祈祷，于是，这种“美的宗教”也就像任何其他宗教一样显示出有独特的排外性：拒绝接受感性中一切负值的体验。这一点，突出地表现在莱辛生活在《拉奥孔》里记述过的一件事实中——忒拜城的法律明文规定：不准表现丑！

这条“美丽的”法律，如照现代艺术家的眼光来看，真可以与“不准革命”的恫吓相媲美，毋宁说是一种骇人听闻的陋俗和丑闻。可是，对于身置于以“美的宗教”为其文明图式核心的古希腊人来说，这却是不言而喻的，圣洁的。宗教，在它真正称得上是信仰的时候，总是有这样不容置辩的力量。

这里，我们就接触到一个曾经使我们百思不解的问题：为什么古希腊人的艺术美得不可企及？为什么歌德要说，“在所有的民族中，希腊人的生活之梦是做得最好的梦”？为什么罗丹要说，“任何艺术家永远不会超过菲迪亚斯——因为世界是在不断进步，而艺术则不尽然。这位生活在那个时代的伟大雕刻家，他把整个人类之梦表现在庙堂的额墙中，这样的艺术家是永远没有人比得上的”？

为什么呢？——就是因为在“美的信徒”们诚心诚意地排斥了丑的材料之

后，希腊人的整个表象世界显示出了一种类乎童心的单纯的美。

记得柏拉威尔曾经批评过马克思，说他把希腊人说成是人类天真的童年，是没有对当时整个社会的冲突给予应有的注意。但是，如果就综述古希腊审美心理的主要倾向的意义而言，那马克思的比喻还是相当有意义的，因为"美的宗教"的障眼法曾经使得这种冲突最大限度地在希腊人的表象世界中冰释。

让我们来进一步地对此考察。

尹吉在《希腊之留传》中写道："东方之神政组织（埃及古王国之所习闻）不能容于希腊之文明，其祭祀悉含集合意，为与神之公宴。但即在希腊，吾人当忆有惨淡之礼节奥斐教之末流……"[①]我们知道，奥尔弗斯教，是一种主要以对死亡问题的关注而展开以至于否定人生的神秘教派，因此，它的流传就说明了希腊人对死之大限同样有着痛苦的体验。这种对于死亡的恐怖以及由此而来的对人生的失望，反映到哲学思辨那里，就成为赫拉克利特那句惊人之语——"死亡就是我们醒时所看到的一切！"[②]反映到希腊神话中，就是那个有名的蕴藏灾害的"潘多拉的盒子"。尼采在《悲剧的诞生》里也讲过一个类似的故事：当聪明的西列诺斯回答米达斯王的问题——对于人绝妙的是什么时，他就说，"——那就是不要降生，不要存在，成为乌有。但是，对于你次好的是——早死。"

这说明，古希腊人有时也隐约领悟到，宙斯背后的命运女神（这时她们是以另一种形象出现的：三个灰发无牙的纺着每人命运的恶老太婆），也并不是如他们所希冀的那样无微不至地关怀甚至讨好他们。在天人合一的同时，

① 汤用彤：《汤用彤学术论文集》，北京：中华书局，1983年，第172页。

② 北京大学哲学系外国哲学史教研室编译：《古希腊罗马哲学》，第20页。

《拉奥孔群像》，公元1世纪，高244cm，现存罗马梵蒂冈博物馆。

却又有一定的物我离异。

而且，这种冲突感被悲剧家们明朗化了。埃斯库罗斯借普罗米修斯之口说道——“说句老实话，我憎恨所有的神！”索福克勒斯也在《奥狄浦斯王》中哀叹——“凡人的子孙呵，我把你们的生命当作一场空！谁的幸福不是表面现象，一会儿就消灭了？不幸的奥狄浦斯。你的命运，你的命运警告我不要说凡人是幸福的！”[①]

所有这一切，当然是对“美的宗教”的亵渎。于是，阿芙洛狄忒衣裾里所裹来的和暖熏风，就一定要把这些坚冰融化掉。

也许，按照“美的宗教”的逻辑来推，只要天地间充溢着神性，而人神之别唯在于“人是有死的神，神是不死的人”，那么，死之大限也就未必是人生阴森的黑洞，甚至死神本身也可能是楚楚动人的。苏格拉底在其《申辩篇》中的议论，恰好可以代表这种乐观的希腊心情，他说：“诸位，怕死非他，只是不智而自命为智，因其以所不知为知。没有人知道死对人是否最好境界，而大家却怕死，一若确知死是最坏境界。……诸位审判官，你们也要对死抱着乐观的希望，并切记这个道理：好人无论生前死后都不至于受亏，神总是关怀他。”

尽管蝼蚁尚且偷生，但基于“美的宗教”的死亡观

① 〔古希腊〕索福克勒斯：《索福克勒斯悲剧二种》，罗念生译，北京：人民文学出版社，1961年，第103页。

既如此豁达，人们便不至于因知其终有一死而不去生活。尼采曾经记述过美的信徒们如何在神光护佑下又转而热爱生命——

> 希腊的意志就以这神话为明镜，照见自己容光焕发。所以，神是人生的印证，因为神本身也过着人类的生活，——这是唯一令人满意的神正论。生存在这样的神灵之煦光下，才使人感到生存本身值得追求。对于荷马的英雄，真正的悲哀莫大于身死。尤其是早死。所以现在我们不妨把西诺列斯的警句颠倒过来，以论希腊人，“对于他们，最坏的是早死，其次是终有一天会死”。

于是，死的哀歌至此完全转变为生的礼赞！

“美的宗教”，就是赋予了当时的美艺术家以点石成金的力度。让我们回忆一下希腊神庙山墙上那些主题为“受伤的战士”和“濒死的战士”的浮雕，主人公的面孔不仅是安详自若，甚至还挂着几分天真的笑意呢！

希腊表象世界的特点正是如此，即使在悲剧性的冲突中，即使在苦难、灾异、蹂躏、濒死之时，也绝不流露出恐惧和哀绝。这方面，最著名的例子，莫过于《拉奥孔群像》了。对此，温克尔曼有他的解释——“高贵的单纯和静穆的伟大”，但这只是一种现象的描述：莱辛也有他的解释——空间艺术的要求，但这里也只涉及到美艺术的形式。事实上，这种艺术现象只不过是美的宗教的逻辑结果。正是阿芙洛狄忒这位司掌着全部感性的美神。挥动着自己的美臂，化腐朽为神奇，化肃杀为蓬勃，化苦痛为欢乐，化激愤为微笑，……一句话，化丑为美！别林斯基说：“希腊的创作是从自然压制下的解放，是一向互相敌视的精神与自然的言归于好。因此，希腊艺术才把一向作为丑恶不堪的兽性表现的人的种种自然爱好和愿望，都变成光明正大的了。”[①]指的正是这类情况。

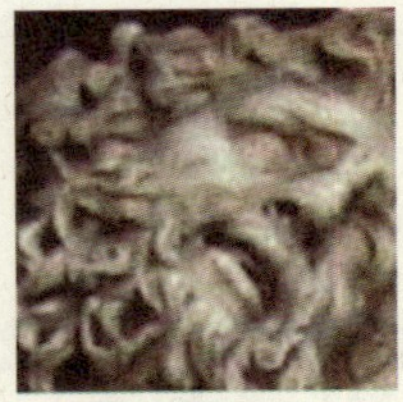

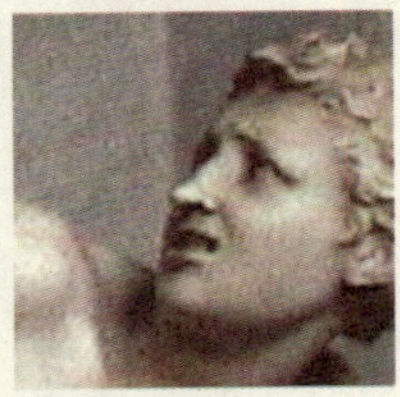

这样，当一个“美”字几乎包容了整个的古希腊感性心理的同时，它也就理所当然地囊括了古希腊艺术家们对形式的全部追求。我们可以说，从根本倾向上讲，希腊的艺术创作是单向度的，一元的，“唯美的”(之所以打引号是想提醒一下这个字眼儿用在古希腊的特殊涵义)。这当然是“美的宗教”的直接派生物。杰出的希腊女抒情诗人萨福的两句诗，再清楚不过地体现了这种艺术追求中的希腊心情：

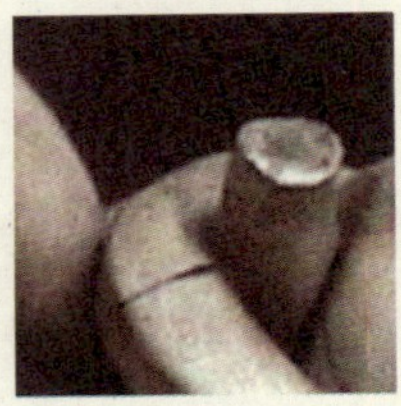

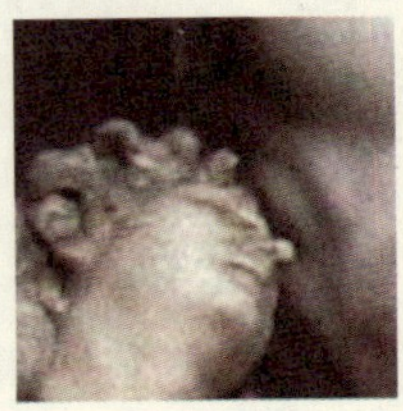

对我而言，
光明与美是属于上天的愿望！

① 〔苏〕阿尔巴托夫、罗斯托夫采夫编：《美术史文选》，第30页。

第六节

由多向一：希腊宗教的哲学版

有一种说法是，如果古希腊哲学中有一个基本问题或者基本矛盾的话，那么它便是：一与多。本书赞同这种观点。

我们看到，从米利都学派的“把自然概括为单纯感性的实体”（黑格尔语）的“始基”，到毕达哥拉斯学派的被断为万物本原的“非感性的感性事物”（黑格尔语）——“数”；从赫拉克利特描绘为体现于永恒运行活火间的唯动主义之唯一不变的“逻各斯”，到埃利西学派从一切可变现象中抽绎出来的唯一不变的唯静主义之最高本体范畴——“存在”……的的确确，不管前苏格拉底时期的哲学家们的抽象思维能力有多少长进，也不论他们的着眼点是有定还是无定，运动还是静止，他们总归是一无例外地苦苦追求着，并从不同角度由浅入深、由表及里地力图描绘着一种可以“一以贯之”的世界本原。他们总是力图从纷乱复杂向简单纯粹上升，从一切向一上升。他们的出发点，正像赫拉克利特所说的那样——“承认一切是一，那就是智慧的”[1]。

并且，假使再往深里看一步，那我们则不难发现，这种由多向一上升的哲学理论，尽管越来越离开直观形式而染上思辨的味道，但如果从文化史的角度来看，却不能不受到希腊宗教的决定性制约，甚至在很大程度上可以说是一种特殊的以理性形式出现的向神的祈祷。

正如罗素所说过的，在希腊神话传说中甚至连宙斯大神也要服从的“命运”、“必然”、“定数”这些冥冥的存在，——那种对于超拔于万有之上的“正义”的一种最深刻的古希腊信仰，对整个希腊的思想起了极大的影响。

这一点，从东西方文化比较的角度更容易看得清楚。汉族常被人们说成是一个没有宗教观念的民族。这种说法或许还不够准确，因为我们的确也可以将正统的儒家思想看成是一种非宗教的宗教。所以，确切地说中国人只是一个没有西方式的宗教的民族。然而不管怎么说，由于我们自己的文明从基本倾向上来说是重人格伦理，重反省内求，所以不仅中国民间的信仰世界多为人格（祖先或英雄）崇拜所占据，就是中国的古代哲学，也多以生活实践的需要为依归，在讲“天”或“道”时，唯不过是一种从人的目的出发的逻辑假设。正因为这样，“一”在中国古代哲学中，就没有那种西方式的超然外化于“多”的力量。二程说：“天人本无二，不必言合。”“道未始有天人之别，但在天则为天道，在人则为人道。”这话鲜明地和有代表性地体现出了中国古代哲学强调“体用一原，显微无间”的倾向。唐君毅把这倾向概括为迥异于西方的“一多不分观”：“中国哲学中，素不斤斤于讨论宇宙为一或多之

① 北京大学哲学系外国哲学史教研室编译：《古希腊罗马哲学》，第23页。

问题。盖此问题之成立，必先待吾人将一与多视作对立之二事。而中国人则素无一多对立之论……当西洋思想家持宇宙一元之论时，则恒易以此一为含超绝性之一……”① 张岱年也说：“西洋人研究宇宙，是将宇宙视为外在的而研究之；中国人则不认宇宙为外在的，而认为宇宙本根与心性相通，研究宇宙亦即是研究自己……”因而，“中国哲学家都承认本根不离事物。西洋哲学

① 唐君毅：《中西哲学思想之比较研究集》，正中书局，1943 年，第 9 页。

② 张岱年：《中国哲学大纲》，北京：中国社会科学出版社，1982 年，第 7、15 页。

《苏格拉底之死》。大卫，1787，油画，现存纽约大都会美术馆。

中常认为本根在现象背后，现象现而不实，本根实而不现，现象与本体是对立的两世界。”[②]这样，从我们这个在很大的意义上是“以道德代宗教”的文明出发，去看西方文化的源头，我们不难这样发问，促使希腊哲人从一开始就把那个既超脱人寰又神灵活现的宇宙大劫作

为最崇高的目标的动机是什么？或者说，本体问题最能勾起人们全副注意力的情感上的内在支点是什么？在很大程度上，我们可以这样回答：正是那位命运女神，在早期希腊哲学家的著述中，不断以“一”的思辨形式被重塑金身和逐渐突出出来。

希腊的文化类型，常被人看作是后来西方文化的“胚胎”。也许从这个意义上，我们才可以更清楚地回答，为什么后来各种各样的哲学思想都可以在希腊找到它的萌芽形式，使得后来的文人总是“言必称古希腊”。进一步说，我们又可以将希腊人的宗教意识，看成是这个“胚胎”的“基因”，正是它，保障了古希腊社会心理中各因子尽管相互相对独立发展却显示了一种（莱布尼兹式的）“前定的和谐”，保障了它们后来水乳交融地结合成了一个有机的定形，一个特定的“范式”。

当然，就古希腊哲学的基本倾向来说，由于还处于从多而一的过渡阶段，“一”就还没有来得及完全从“多”中分化出来并反过来压制“多”。（这一点，也正是和其时西方宗教尚属草创阶段，尚属由多神向一神的转换过程相合的。）然而，这种过渡和转换的思想指向，却是十分明显的。

对于希腊先哲来说，那种不惜“上穷碧落下黄泉”去求索冥冥存在的心情实在是太执着了，以至于，虽然德谟克利特等人假着前人因抽象思维能力不强而用感性事物象征超感性的超现实存在的做法，开了一条以自然本身解释自然的思路［当然他同时也是受着当时信仰的影响而想入非非地假定了一个最终的“宇宙之砖”（多）和更藏在“宇宙之砖”背后的必然律（一）来充任哲学中的命运女神］，虽然生逢伯里克利斯民主盛世的普罗泰戈拉斯曾以“人是万物的尺度”那样的命题来升华出雅典自由民的强烈自

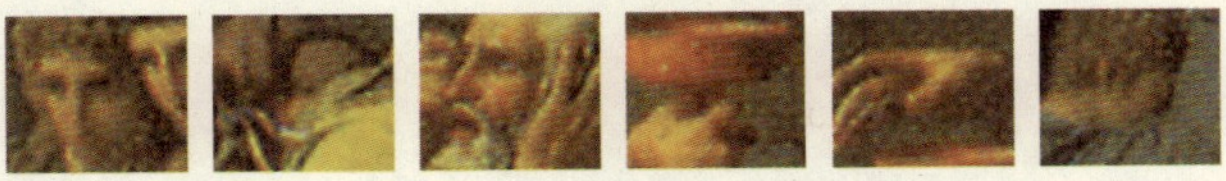

信和内省，并大胆怀疑说，“至于神，我既不知道他们是否存在。也不知道他们像什么东西”（当然据柏拉图的《普罗泰戈拉斯篇》记载，他也还曾自相矛盾地说过神使黑梅斯曾奉宙斯之命普施道德律——“正义”与“尊敬”于每个人心中），虽然苏格拉底以“介于神喻的外在的东西与精神的纯粹内在的东西”（黑格尔语）——“灵机”来大大强调了主体的自由与能动（当然据他的自白和克塞诺封的回忆，他仍是敬神的，他只是神的一根芒刺，因而“灵机”对他来说也许还不过是外在必然的内容所采取的一种内在自由形式，即“心中的神喻”，并且也许正因为这样他的道德论才如此重知），但是，这种把哲学的注意力更放在现实世界（无论是自然还是人本身）而非超现实大劫的做法，由于和当时的信仰相悖，就不能不马上为别的哲学家从情感上先入为主地判为失败，很快地被扬弃了。

正因为这样，我们才能理解，在苏格拉底以伦理哲学开始了对主体的反思，并力图以独特的“助产术”接生出美德本身之后，他的学生柏拉图何以很快就凭借一种逻辑的工具又把这种共相的善也推到了“形而上”的高度，从而集前人大成地找到了那理性中的太阳，理性中的命运女神——“善的理念”。而尽管那位声称爱真理胜于爱吾师的亚里士多德，在《形而上学》一书中循着柏拉图后期《巴曼尼德斯篇》等著作中自我反省的思路，对其老师的理念论给出了（照现代眼光不免有点儿矫情的）批评，但这位弟子对那用以取而代之的“本体”的研究，由于后来著名的“质料的发现”，又毕竟使他把“形式因”推到了顶点，求证了作为第一推动力的神、终极的善的“最终形式因”，以来充任“本体”的目的。这就不能不令人感到，尽管他不时表现出热衷于经验世界，终究却惟不过是在寻找一个对那超验世界的命运女神的在他看来是更为合理的解释；这就不能不令人想起黑格尔的断语来——“在他真正思辨里，亚里士多德是和柏拉图一样深刻的，而且比他发展得更远，更自觉。”①

必须说明一句，我们认为希腊哲学家们都曾抱定过一种对世界的充满神性的一元本质的信仰，因而“一”一般来说并不是他们思想的抵达之处，而只是起步之处.这种分析里并没有任何想贬低的意思。相反，也许我们竟还可以说，正是这种对必然、劫数的希腊式信仰，导致了西方人运用理性去寻求一般和共相，寻找普遍的规律，反而给了后来科学发展以必要的思考动机和情绪支点。他们不是把眼光向内，去追求一个只有凭灵性或悟性才能把捉，只有靠毕生修养才能体味的有限人格境界（善），而是把眼光向外，去寻找一个必须由理性去捕捉由逻辑去掌握的无限客观劫数（真），这正是他们开放性的文化所“先天”禀有的特点、优点。科学和理性，正是这样从前科学和非理性中充满苦痛地逐渐挣脱出来。即使在今天，我们不还是看到有些科学家，由于对自己的工作缺乏足够的反省，同样显示出了一种从希腊遗传来的“现代迷信”倾向吗？所以，谁要是觉得我们对希腊思想的分析太过苛刻，那么他首先应该先扪心自问一下：有没有对古人太过苛求？

① 黑格尔：《哲学史讲演录》第2卷，北京：三联书店，1957年，第283—284页。

第七节

美的哲学：假如亚里士多德来创立感性学

我们已经认识到，古希腊哲人对于一多关系的冥思苦想，是以一种宗教情感为前提的。站在当时的文化圈中，他们是很难自觉地去反思那种情结合理与否的。这正如中国的西楚霸王项羽，尽管可以“力拔山兮”，但绝不可能像传说中讲的那样有一种“体外之力”，自己把自己端起来。

进一步讲，我们都还知道，希腊人信奉的是一种“美的宗教”。因而，我们又不难推想，希腊艺术家和广大艺术观众凭直感所看到的感性主神阿芙洛狄忒的羞花闭月之貌，终将还是要被他们的哲学家们在绞尽脑汁以后再用思辨的形式描摹出来。

正像叙神谱的人们借着阿芙洛狄忒和雅典娜的血统上溯到了宙斯乃至命运女神一样，古希腊先哲们从他们所置身的现实世界所展现给他们的相对的和谐和有限的规律中获得了相对的美感和有限的理性，然后又藉此暗合着“美的宗教”来乐观地反度绝对和无限。这样，他们自然会天真烂漫地以为整个宇宙都必然是美丽的合理的。由此，他们就自信是达到了对世界的终极认识。而在此之后，正像古希腊的感性心理是因分享了冥冥存在的绝对美丽而成为单纯正直的一样，古希腊哲学家心目中的“形而上”的命运女神，又会分娩出“形而下”的阿芙洛狄忒，从而从逻辑上证明古希腊人的感性生活中的对美的体验是多么绝对和永恒。

由于“一”的超验性，看来前一步的工作他们做得更轻松些。不论命运女神被说成是什么样子，但她是美的，这一点绝无问题。主“数”的毕达哥拉斯，就把美说成是部分间的对称和比例上的适当。主“变”的赫拉克利特，就把美说成是相互排斥的不同东西所斗争所引起的特殊和谐。而强调“一”是理式的柏拉图，更以诗人的笔调颂扬着本体美的极境：

> 这种美是永恒的，无始无终，不生不灭，不增不添的。它不是在此点美，在另一点丑；在此时美，在另一时不美；在此方面美，在另一方面丑；它也不是随人而异，对某些人美，对另一些人就丑。还不仅此，这种美并不是表现于某一个面孔，某一双手，或是身体的某一其他部分，它也不是存在于某一篇文章，某一种学问，或是任何某一个别物体，例如动物、大地或天空之类，它只是永恒地自存自在，以形式的整一永与它自身同一；一切美的事物都以它为泉源，有了它那一切美的事物才成其为美。但是那些美的事物时而生，时而灭，而它却毫不因之有所增，有所减。总之，一个人从人世界间的个别事例出发……从人世界个别美的事物开始，逐渐提升到最高境界的美，好像升梯，逐步上升，从一个美形体到两个美形体，从两个美形体到全体的美形体。再从美的形体到美的行为制度，从

> 美的行为制度到美的学问知识,最后再从各种美的学问知识一直到只以美本身为对象的那种学问,彻悟美的本体。①

然而，下一步的工作，即论证“多”的美丽。由于经验事实的羁绊，就由不得哲学家们的思想这般天马行空了。正像那个著名的希腊故事一样，哲学家因仰望上苍而忘却了脚下的大地，弄不好还会掉到泥坑里去。赫拉克利特由于太关注上界的美，认为“看不见的和谐比看得见的和谐更好”，所以他就反而看不起尘寰，觉得“最美丽的世界也像一堆马马虎虎堆积起来的垃圾堆”，“最智慧的人和神比起来，无论在智慧、美丽和其他方面，都像一只猴子”。因而，他贬斥人们的感性生活：“最优秀的人宁愿取一件东西而不要其他的一切，就是：宁取永恒的光荣而不要变灭的事物。可是多数人却在那里像牲畜一样狼吞虎咽。”而这照他看来，真同“驴子宁愿要草料不要黄金”，“[猪]在污泥中取乐”，“家禽在尘土和灰烬中洗澡”一样。②柏拉图对此也有同感，他认为，由于一切的美都绝对地萃聚于那个理式的“一”中，因而分享这种美的“多”就不足道了。代表感性的阿芙洛狄忒，在他的学说中，不过是命运女神的“影子”，而阿芙洛狄忒属下的九个缪斯女神，更不过是“影子的影子”。正因为这样，他在《理想国》里，以哲学王的名义对诗人发出了那个著名的驱逐令。

然而我们详细分析起来，就会发觉，在柏拉图对感性的反思里，还有另外一面。他在《伊安篇》里，认为只要神力像磁力一样附上了人体，哪怕最平庸的诗人也有时唱出最美妙的诗歌。因此，在《斐德若篇》里，他又指出，似乎感性也就未必总是“和真理隔着三层”，它又可能是一条在迷狂状态中充

① 柏拉图：《柏拉图文艺对话集》，第272—273页。

② 赫拉克利特语均见北京大学哲学系外国哲学史教研室编译《古希腊罗马哲学》第二部分，北京：三联书店，1957年。

满灵感直通理念世界的捷径——“有这种迷狂的人，见到尘世的美就回忆起上界的美。”[1]

这是为什么呢？我们不难推想，对于阿芙洛狄忒的大不恭，无疑是违反着希腊人的宗教感性的。因而，当柏拉图作为一个理性大师写作的时候，由于他的逻辑推导一时符合不了这种宗教，他当然是宁可遵从理性的，这正如桑茨伯里所说：“柏拉图因为发现了一些他认为比艺术更伟大的东西，就不得不背叛他自己的艺术。”[2] 可是，当他作为一个杰出的诗人让思绪如脱缰之马时，他的这种希腊心情竟然又油然流露了出来。

看来，正像阿芙洛狄忒的名字所预示的那样，美丽的感性女神尽管必然要走出海面，但她在思想的泡沫中还必需忍耐一个冉冉的上升过程。

只有到了集大成者亚里士多德那里，随着整个思想体系的相对完善和成熟，这位姣好的感性女神才真正君临人间。

最能导引人们抓住亚里士多德在这方面之思想要领的，并不是他那本专门的著作《诗学》，而是他的《形而上学》。从他的“第一原理”出发，他批评说，“像毕达哥拉斯学派与斯泮雪浦一样的那些人们因植物与动物［比其种籽与胚胎为美］的例示，就假想至善与全美不见于始因而出现于后果，这意见是错误的。因为种籽得于另一些个体，这些个体完善而先于种籽，第一事物并非种籽，而是完成了的实是；我们该说，在种籽之先有一个人，不是人由子生，而是子由人生。”[3]照他的观点来看，并不是“善与美只在自然业已有些进境之后才得出现于事物之中”，而应该“合并了善与美而以‘至善’为原始的创造着”。[4]这样，从目的论出发，“美”就被亚里士多德拔高到了本体，

① 柏拉图：《柏拉图文艺对话集》，第125页。

② 《文艺批评简史》，第1页。

③ 亚里士多德：《形而上学》，吴寿彭译，北京：商务印书馆，1959年，第249页。

④ 同上书，第300页。

与“善”、“正”、“明”、“直”、“雄”、“一”等并列排进“对反两系列中的一列”，而成为“理知对象”[①]，成了命运女神的禀性之一。

而从“最终形式因”的神出发做逻辑推演，亚里士多德自然要重赋形而上学中的阿芙洛狄忒以完满的神性。正因为把一切都丝丝入扣地纳入了一个严密的逻辑体系，感性就名正言顺地成为了体现“第一推动”之神性的逻辑一环。所以，正像理性对世界之合理性的发现会导致“物我同构”的快慰一样，感性对世界之和谐性的体验也势必带来“天人合一”的乐趣。他说。“宇宙自然与诸天就依存于这样一个原理。而我们俯仰于这样的宇宙之间，乐此最好的生命，虽其为欢愉也甚促（宇宙长存，此乐与此理长存；而吾人不能长在此世间），然其为实现者既所同然，则其为乐也亦同。吾人由此所禀受之活动与实现，以为觉醒，以为视听，以为意想，遂无往

拉斐尔绘《雅典学院》局部，柏拉图和亚里士多德。

① 同上书，第14、247页。

而不盎然自适，迨其稍就安息，又以为希望，以为回忆，亦无不悠然自得。”[1]而在《尼可马可伦理学》中，他也说过，“不论这个被为我们的自然的统治者和指导者、并思考着高贵和神圣的事物的因素是理性还是别的东西，不论它本身也是神圣的或只是我们之中最神圣的因素。总之，这因素的符合于其本身的美德的活动，将是完满的幸福。”[2]既然自己的哲学体系本是一片光明，又有什么理由能够阻止亚里士多德不把阿芙洛狄忒看作是带着灵光圈的呢？

正因为这样：亚里士多德才会去非难柏拉图的理式论中竟然也可以蕴含“非美”的理式；他才有理由去判定即使是对丑的摹仿也会使人产生出领悟神性的快感。他才感到有必要一反其老师对诗人们的诸多责任，宣称“写诗这种活动比写历史更富于哲学意味”[3]，因为它可以更为自觉地切近那无所不在的必然律……

而最能反映亚里士多德之乐观性论的，莫过于他的“悲剧净化说”了。严格说起来，他并不是认为所有的悲剧都可以给人以“净化”的。他反对欧里庇得斯的“按照人本来的样子去描写”，提倡索福克勒斯的“按照人应当有的样子去描写”，从而给悲剧题材以严格的更符合他的第一原理的划定。他要求悲剧表现“虽非罪有应得，却又咎由自取”的“好人犯错误”并承担其责任后果的情节，以使人们在这种公正的悲剧结局中，既会惊赞和怜悯铮铮的英雄，更令敬畏和服膺昭昭的天理。后人常爱假亚里士多德的悲剧定义去套所有的悲剧作品，但我们看到，其实只是在他所说的“正确的悲剧”的意义上，亚里士多德才在

① 同上书，第 248 页。

② 北京大学哲学系外国哲学史教研室编译：《古希腊罗马哲学》，北京：三联书店，1957 年，第 326 页，着重号为引著所加。

③ 《诗学·诗艺》（亚里士多德：《诗学》，罗念生译；贺拉斯：《诗艺》，杨周翰译），北京：人民文学出版社，1962 年，第 29 页。

《诗学》里对悲剧给出了那著名的论断——“借引起怜悯和恐惧来使得这种情感得到净化”。

“正确的悲剧”当然也就是“美的悲剧”。宗白华有段话说到了亚里士多德悲剧论的妙处:“美是调解矛盾以超入和谐,所以美对于人类的情感冲动有‘净化’的作用。一幕悲剧能引着我们走进强烈矛盾的情绪里,使我们在幻境的同情中深深体验日常生活所不易经历到的情境,而剧中英雄因殉情而宁愿趋于毁灭,使我们从情感的通俗化中感到超脱解放,重尝人生深刻的意味。全剧的结果——即英雄在挣扎中殉情的毁灭——有如阴霾沉郁后的暴雨淋漓,反使我们痛快地重睹青天朝日。空气干净了,大地新鲜了,我们的心胸从沉重压迫的冲突中,恢复了光明愉快的超脱。”[①]这可算是深深悟得了亚里士多德悲剧论的三昧。

稍稍对比一下本章第四、五节中叙述的那种“美的宗教”的内容,我们就很容易看出,亚里士多德的哲学,本质上是一种“美的哲学”,——一种照现代眼光看来甚至是有点儿美得可怕的哲学。

因而,我们不妨做一个小小的假设——假如亚里士多德感到有必要专辟一门学科来探讨人们的感性,他究竟是叫它“感性学”好呢还是“美学”好?如果我们得以起亚里士多德而问之,他一定大惑不解,难知其详。什么!难道有必要提这样的问题吗?感性难道不就是美吗?美难道不就是感性吗?有什么必要来费力在这之间划分开呢?

这样,我们也就为上一章所留下的“问题五”——“‘全体哲学’为什么要规定‘美’作为传统‘感性学’的逻辑出发点?”——找到了一个初步的答案。虽然我们还没有追溯完“全体哲学”,可是,我们都知道,亚里士多德的学说,是雄霸了欧洲几千年的。这难道还不足以给我们很大的启发吗?

① 宗白华:《美学散步》,上海人民出版社,1981年,第200页。

第三章

美梦惊醒：理性的背反与感性的裂变

宙斯神庙中的阿波罗像之局部

希腊之梦，是一场多么迷人的美梦呵！

可惜，逝者如斯夫，可一不可再。后人空对此愁肠百结，满怀惆怅。拜伦在他的《哀希腊》中哭道——“除了太阳，什么都落了山！”波德莱尔也在他的《恶之花》中惊呼——“盛世不可攀，怀此肠中热！”

过去、太阳神阿波罗的金光之所以偏爱独照希腊文明、感性主神阿芙洛狄忒之所以未很快在从多神教向一神教的过渡中遗世独立羽化登仙，转而压抑人们自己的感性生活，那是与“美的宗教”是

《阿波罗》，公元2世纪，大理石，高224cm，现存罗马梵蒂冈博物馆。

一种自由民的宗教分不开的。一系列特殊的契机凑到一起，使得古希腊人赢得了相对的人格独立以及在此基础上建立的城邦民主制，赢得了一种童年时代的属人本质（详请参阅拙文：《试论古希腊审美心理的现实基础》）。而“美的宗教”，正是这种现实情况的超现实折射。这正如那座雄伟而又华丽的、宛如“灿烂的、阳光照耀的白昼”（恩格斯语）的帕提农神殿，一方面是敬神的，可是另一方面“作为帕提农神殿的形象感受的基础的，不是人的渺小，而是人的英雄气概和大气磅礴”。[①]因而，这样一种充满人性味儿的宗教，自然会给希腊的美艺术以很好的滋养，正如威尔·杜兰所说，“能有这样富于人性的宗教（后期始行充分富于人性），与艺术、诗歌、音乐……作欢欣而富创性的结合，对于希腊而言，实是一大幸事。”[②]

可是，也正因为这样，在希腊文明藉以建立城邦民主制的诸条件丧失以后，这种宗教也就和希腊独立人格的毁灭一起衰微了。《青年黑格尔神学手稿》就这样分析道：“由于希腊和罗马的宗教只是自由民的宗教，所以随着自由的丧失，它的意义和力量，它对人们的适应性也必然要丧失……”

而随着这种适应性的丧失，后人想如希腊人那样天真而单纯地崇尚美，那不是自欺．便是欺人；想如希腊人那样在艺术王国里创造出纯粹一元的正值感性世界，那不是劳作，就是赝品。因此，在达到信仰极境的希腊美艺术面前，在“美的宗教”所展示给后人的宗教的美面前，他们纵使不甘心叹为观止，也很难对美有如此纯净鲜明的体验，有如此出神入化的体验了。

① 科尔宾斯基等：《希腊罗马美术》，严摩罕译，北京：人民美术出版社，1983年，第105页。

② 威尔·杜兰：《世界文明史·希腊的兴起》，台北 ：幼狮文化事业公司，1979年，第287页。

第一节
重温旧梦：非理性的理性论证梦醒了

可是梦中的美好境界还依稀留在人们心灵深处，过去在梦中对雪肤花貌的命运女神——阿芙洛狄忒的以理性推导形式出现的雄辩论证，更好端端地写在白纸上。当代哲学家卡尔·波普尔，提出了一种很能发人深思的“世界3”理论，他打个比方说，我们可以想象人类灭亡以后，那种体现人类意识的人造产品或是文化产品；如某些书籍或一间图书馆，被后来新起的人种所发现，它们就可能全被释读，并借此通过“世界2”（人的主观精神）而作用于“世界1”（物理世界）。因此，他强调一切见诸于客观物质之后的精神内容的相对自主与独立：“大家承认理论是人类思想的产物。然而它们有一定程度的自主性。它们在客观上可以有任何迄今为止没有想到的推论。人们可能会发现这些推论，而发现它的意义和发现一个迄今不知道的植物或动物一样。人们可以说世界3只是在起源上是人造的，而一旦存在，它们就开始有自己的生命。”[①]

事情的确是如此。

希腊文明衰落之后，人类当然没有灭亡，不过，作为人类最主要标志的理性的精神却在西方一度泯灭过。黑格尔早年曾经借助于一种所谓“实证的信仰”的命题，描述过这种理性的丧失。他说：

> 一种实证的信仰，是这样一系列的宗教命题，它们所以对我们说来是真理，乃因为它们是被当作诫律由一种权威吩咐给我们了，而我们又不能不使我们的信仰听从于这种权威。这个概念，首先表示这样一系列的命题或真理，它们不管我们承认其为真或不真，总得视之为真理，它们即使从来没被人认识过，即使从来没有人承认它们是真的，也仍然是真理……[②]

其实，这时候，人们只能默默地忍受德尔图良那句不讲理出了名的名言——“正因为是荒谬的，所以我才相信。”因为他们害怕《约翰福音》里那充满剑与火的恫吓——“信他的人，不被定罪；不信的人，罪已定了，因为他不信神独生子的名”！

但作为一种理性的动物，讲点儿道理，也许是人们最起码的要求了。否则的话，人们只能痛感到宗教的压抑，痛感到他们的宗教是与古希腊那种真诚的、内在于他们的、美的、人性的宗教是何等截然不同。

① 《自我》，第40页。

② 转引自卢卡契：《青年黑格尔》，王玖兴译，北京：商务印书馆，1963年，第49页。

也正因为这样，还在中世纪报夜的迟迟钟鼓不停为人催眠的同时，理性就企图重新确立自己的权威。我们看到，从约翰·司脱宣称独立于启示之外的哲学具有同样的甚至更高的权威，到阿拉伯尔宣称相信一种教义并不因为神曾经如此说过而是因为有理性的证实，理性总是一次次地企图复活。

而这种理性的精神到了经院哲学那里，已经是难于撼动的了。丹皮尔写道："人们有时认为中世纪的哲学和神学不是充分运用理性的，其实不然。它们的结果是运用逻辑方法从它们认为是权威的和肯定的前提中演绎出来的……"[①]指的正是这种情况。

这种理性的复苏，在历史上起过相当大的进步作用。

首先，正像卡尼阿底斯所讥讽和嘲弄的那样，"如果对于神的信仰是普遍的，为什么还要再麻烦去论证它，并甘冒使人联想到它可能确是一个有争论的问题的危险呢？"的确，即使人们这时的理性原则还是被用来证明神性，但是既然神性还有待于证明，上帝的无上权威却又不知不觉间被动摇了。因而，人们的最终价值标准，就被悄悄地从外在于人的造物，转移向主体的独立思考之中。经院哲学就这样在神的庙宇内部逐渐设立了一个理性的法庭，滋养着后人越来越强烈的批判精神，——这也许正是所谓理性之"暗渡陈仓"的"狡智"吧？康德后来在《纯粹理性批判》的序言里写道："我们这个时代可以称为批判的时代。没有什么东西能逃避这批判的。宗教企图躲在神圣的后边，法律企图躲在尊严的后边，而结果正引起人们对它们的怀疑，并失去人们对它们真诚尊敬的地位。因为只有经得起理性的自由、公开检查的东西才博得理性的尊敬。"[②]这种基于理性的彻底批判精神，正是早先思想发展的逻

① 丹皮尔：《科学史及其与哲学和宗教的关系》，李珩译，北京：商务印书馆，1975年，第12页。

② 《康德哲学原著选读》，约翰·华特编选，韦卓民译，北京：商务印书馆，1963年，第7页。

辑结果。

其次，这种理性的精神也直接哺育了近代科学的发展。尽管波普、库恩、拉卡托斯、费耶阿本德的研究相继表明，人们迄今为止还很难在科学领域找到一条“发现的逻辑”，即科学的发现过程本身很可能夹杂着大量非理性的成分，但是，从科学所追求的目标和科学所达到的结果来看，恐怕不会有人否认，科学本质上是人们努力认识外部乃至内部的齐一与恒常的理性事业。这种理性事业当然从一开始就需要它的价值观念上的前提。这正如丹皮尔所说的那样：“正如罗马法的存在使得秩序和理想在整个混乱时代和中世纪维持不坠一样，经院哲学也维持了理性的崇高地位，断言上帝和宇宙是人的心灵所能把握，甚至部分理解的。这样，它就为科学铺平了道路，因为科学必须假定自然是可以理解的。文艺复兴时期的人们在创立科学时，应该感激经院哲学作出的这个假定。”①

但是，我们也应该看到，人们当时对于理性的态度也还有相当大局限性。

关键在于，经院哲学把他们经由亚里士多德所认识到的，人们过去曾经建构起来的理性法则——传统的形式逻辑看得过分自满自足了。而是事实上，演绎推理最为致命的“阿基里斯三踵”，就在于人们无法假此将理性的批判力量指向那些看起来似乎是“不证自明”的大前提。因而，这种理性法则本身就没有足够的力量去藐视旧权威，清除旧观念。由于仅仅运用这种推理的工具，经院哲学就只能倡导人们去以一种“皓首穷经”的学究态度去积累更多的本应是十分可疑的大前提。莫里哀的喜剧《女博士》里，曾经给予这种经院式的穷酸气以辛辣的讽刺：

① 丹皮尔：《科学史及其与哲学和宗教的关系》，李珩译，北京：商务印书馆，1975年，第12页。

他们知道摭拾古代学者的学说……

他们善于引用千万句古希腊文和拉丁文。

其实，这都是些拼音不够正确的支离破碎的句子，在陈旧不堪的垃圾里夹杂着不少偷来的晦涩的东西……

既然如此，无可怜见，这种理性的法则也就被用来划地为牢地进行一些空洞的和无聊的语言游戏。人们常爱举“一个针尖上能够站立几个天使”、“圣母玛利亚是否处女”、“山羊的毛是否羊毛”之类的滑稽问题来夸张地表达他们对经院哲学之喋喋争论的不屑，可以说是在很大程度上抓住了它的要害。

而正因为这种理性的眼睛看不见眉毛，就反过来又导致了人们本质上说来是用一种非理性非批判的精神对待过往的文化产品，使得希腊先哲特别是亚里士多德的著作（或者我们干脆就借波普尔的命题把它们说成是历史遗留下来的“世界3”）显示出了巨大的独立自主性或生命活力，给他们整个的精神世界定了调子。伯特兰·罗素在批评托马斯·阿奎那的时候，把这种经院哲学的拘泥于传统的治学态度斥之为非哲学的。他说，“阿奎那没有什么真正的哲学精神。他不像柏拉图笔下的苏格拉底那样，始终不懈地追逐着议论。他并不是在探究那些事先不能预知结论的问题。他在还没有开始哲学思索以前，早已知道了这个真理。这也就是天主教信仰中所公布的真理。若是他能为这一信仰的某些部分找到明显的合理的论证，那就更好，设若找不到，他只有求助于启示。给预先下的结论去找论据，不是哲学，而是一种诡辩。”[①]

而这种非哲学的精神，就久久地把希腊思想封闭起来，使这种“昨日黄

① 罗素：《西方哲学史》上卷，何兆武、李约瑟译，北京：商务印书馆，1963年，第562页。

花”长期地泛滥于后世，使得人们时时在假着理性的形式去重温旧梦。

尽管现实并不见得会使人们像希腊半岛上那群天真烂漫的孩子们那样乐观，但是，古希腊的那种乐观主义，却被人们独断地接受了下来。这种乐观突出地表现于人们对理性能力的看法上。胡尔夫写道，早在15世纪，人们就“毫不怀疑理性的力量可以把捉外界的实在，可以在相当限度内认识一切的事物”。而若“没有这个自信，他们断不会有这种野心要来调理人间的一切科学知识，更不会能够整顿经营造成立个伟大复杂的学院哲学的体系”。[①]

而这条思路一直延伸到近代大陆理性主义那里。不错，无论笛卡尔、斯宾诺莎，还是莱布尼兹，都曾在其包罗万象的哲学体系中收容了大量的科学事实和社会现象（正因此梯利曾将他们说成是一种广义的经验主义）。[②]可惜，由于当时的科学水平特别是数学发展水平的限制，更由于他们摆脱不了当时的那种普遍的乐观宗教情感，就使他们从数学的绝对性这样一个错误的认识出发，反过来以为只要凭借数学方法便可以推出一个具有绝对意义的宇宙论来，从而不免又从方法论上的独断重新蹈入本体论上的独断，一而再，再而三地论证了本质上与希腊精神相通的“命运女神”。我们看到，不光是那个由“我思故我在”这样极有异端嫌疑的命题却如此“轻而易举”地推出上帝存在的笛卡尔，不光是那个由无数“形而上学的点”推及一个初始单子即上帝，以在逻辑上保障一个无所不包的形而上学体系的莱布尼兹，甚至就是那个从笛卡尔的“心物二元”上升到自己的“一体两用”的斯宾诺莎，尽管他在本体论的独断前提下尽可能多地肯定了经验世界（可他不也同时又反过来在有限的经验世界里再一次尝试了无限的本体论吗？），尽管他把上帝贬到了世俗

① 胡尔夫：《中古哲学与文明》，庆泽彭译，台湾商务印书馆股份有限公司，1972年，第78页。

② 梯利：《西方哲学史》下册，葛力译，北京：商务印书馆，1979年，第15页。

界，把他等同于万有和万有中的必然律，从而以不很恭敬的泛神论激怒了虔诚的教徒们（可他不也同时又反过来把世俗世界带向了苍穹而以普照的圣光眩迷了世人吗？），但是，就其实质来说，绝没有越希腊先哲的雷池一步，仍然只是传统形而上学的花样翻新。

形而上学的“命运女神”，又势必分娩出形而上学的阿芙洛狄忒来。

在上一章最后一节里，我们曾经假设，如果亚里士多德感到有必要创立一门学科来专门研究人类的感性心理世界，他是绝对毋须为它到底是该叫“感性学”还是叫“美学”劳神的。

而我们知道，提出 Aesthetics 的鲍姆加登，只不过是莱布尼兹的再传弟子。而他的老师，尽管近代科学中诸多疑难的困扰而有其独特的考虑，却又毕竟设定了最完善的单子（上帝）充任世界的最后的充足理由，从而让这个“唯一、普遍和必然的最高实体”得以为每一个单子上紧发条以保障整个世界系统的前定的和谐，就此一脉相承了亚里士多德。因此，我们也就不难领悟到，作为希腊先哲思想后裔的鲍姆加登，是在何种基础上建立“感性学”的了。

无疑，虽然在鲍姆加登的心目中，相对于研究理性认识的高级认识论——“逻辑学”来说，研究感性认识的学问—— Aesthetics 只是一种低级认识论。可是，这二者的对象是一致的（完善的世界），这二者的目的也是一致的（完善地认识完善的世界）。正因此，他才能这样说，“Aesthetics的对象就是感性认识的完善（单就它本身来看），这就是美；与此相反的就是感性认识的不完善，这就是丑。正确，指教导怎样以正确的方式去思维，是作为研究高级认识论的逻辑学的任务；美指教导怎样以美的方式去思维，是作为研究低级认识方式的科学，即作为低级认识论的Aesthetics的任务。Aesthetics是以美的方式去思维的艺术。是美的艺术理论。”我们看到，正像“不完善”从本质上说在这个完善世界只不过是一种假象一样，正像“不正确”在逻辑学中不过是对这个合理的世界的暂时不合理的认识一样，“丑”本来就在鲍姆加登所创立的Aesthetics中无法有真正的立锥之地。因此，这门“感性学”本来就只能赋予“美”以超越性，本来就只是一门研究“美”的学问，本来就直接等于“美学”。

到现在为止，我们可以比较确凿地回答第一章所遗留下来的那个问题了。Aesthetics为什么是“美学”？——那是因为：从这门学科刚创立那一天起，它就享受了古希腊文化中的基因，从而成为一种理性乐观所派生的乐观感性论！

不过，等我们回答了这个问题以后，我们心里的疑虑不仅没有减少，反而增多了。既然我们已经得悉，“美”在“感性学”中的超越性，源于上帝（命运女神）在哲学中的超越性，那么，我们当然可以推想，只要上帝在人们的哲思中不死，“美”在Aesthetics中的优越地位就不会终结。**然而，充满理性批判精神的西方哲学，究竟能够再甘心为上帝提供多久这种非理性的理性论证呢？**

第二节

大疑潭潭：英伦三岛的冲天大火

上一节中，我们分析过，人们之所以曾经确认上帝存在的合理性，那是与他们强以为传统的理性法则是自满自足的这一点分不开的。

因此，上帝观念真正要受摇撼，从而西方文明图式真正要从其内部起变化，那就必须通过超越性的自身进化才能进行。

而在西方的近代哲学中，理性自身的这种孕育中的突破，受到了怀疑主义的极大的推动。

其实，如果不是那些宗教的教义有铁和血做护身符，那么，哪怕是智力水平相当一般的人，也未始不可能对之有如下的疑虑：那个无所不在的神为什么却又无处不藏头盖脸呢？那个无所不能的造物主为什么却又偏偏在人世间造出那么多邪恶与丑陋呢？这类疑虑如果以哲学家们的充满深思的语句出现，那就是：究竟一个经验世界里的有限理性的存在是否足以把握经验世界中的无限劫数？丑和恶究竟是否如奥古斯丁所宣称的那样仅仅是一种非本质层次的存在？这已经是一种相当深刻的怀疑主义思想了。

怀疑，本是思想活跃的反映。因此，哪个时代，哪个地方允许活跃思想，哪个地方就不可避免地要出现对传统信念的大胆诘难，希望去清扫传统思想中的垃圾。正如王国维的两句诗所说的：

小知间间，傲帚是享。
大疑潭潭，是粪是除。

同时，这种活跃的思想，还并不仅仅只具有否定的力量。相反，它往往具有极大的建设性，从而往往是人类认识进步的有力先导。这正如库恩所说的："接受新的就必须重新估价、重新组织旧的，因而科学发现和发明本质上通常都是革命的。所以，它们确实要求思想活跃、思想开放，这是发散式思想家的特点，而且确实也只限于这些人。"①

另外，对库恩上面对发散式（怀疑式）思想家们的性格分析，我们还应给予一条必要的补充，那就是：不应该仅仅看到他们的气质禀赋，还更应该看到他们献身科学、追求真知时的无私无畏的优秀品质。因此，在一个明显出了毛病却又明显不能怀疑的思想体系面前，只要后来证明哪一位哲学家的怀疑性思考并非全然无稽，那么，他当时的大胆思想曾经冒过几分风险，后

① 库恩：《必要的张力——科学的传统和变革论文选》，纪树生等译，福州：福建人民出版社，1981年，第224页。

人也理应对他怀有几分敬意。

据胡尔夫记载，就在托马斯·阿奎那生活的年代里，就已经有人对理性的能力进行怀疑了："奥德柯之尼古拉——有人称为15世纪之休谟——于巴黎高唱外在世界之实有不可以证明，因果观念无客观根据之说……"[①]这大概是欧洲中世纪最早承继皮浪精神的思想家。而到了文艺复兴时期，敢于怀疑的思想家更是大有人在。比如蒙田，就以皮浪主义的精神大胆怀疑经院哲学和宗教意识形态，把神学作为企图把完全不可能证明的论点加以证明的伪科学。

如果说，作为一种思想的潜流，较早的怀疑主义者们还没有来得及对人类理性自身进行建树，那么，等到这种怀疑之风掀起17—18世纪英伦三岛的思想主潮时，情况就已经焕然改观了。虽说近代哲学中有明显的经验主义和理性主义的划分，可是，当代的科学哲学家们，却一致把以弗兰西斯·培根为开山的早期归纳主义者看作"理性主义"的，这正是因为，当近代经验主义者们去努力寻求"新工具"的时候，他们事实上已经在试图去建构人类新的理性法则。

而这种建构从一开始就是和大胆的怀疑分不开的。

培根率先表达了他对人们过去太过仰重的传统演绎逻辑的强烈不满。他抱怨说，在亚里士多德的著作中，除了逻辑的语言之外，你几乎听不到什么别的东西。尽管这位古代思想家也常常讲到经验，但他只是根据自己的意志先把问题解决了，再使经验屈从于他的意见，把经验像俘虏一样掠走去到处游街示众。培根把过去的形而上学体系归咎于人类的"种族假象"，认为人们生就好高骛远，喜欢设想世界里面存在着比自己的理智所看到的更多的东西。结果，适得其反，从最远掉回最近，只能从一种拟人化的类比法给整个世界

① 胡尔夫：《中古哲学与文明》，庆泽彭译，台湾商务印书馆股份有限公司，1972年，第78页。

培根（1561—1626）

推出一个“目的因”。正是这种做法，把哲学业已污损得够可以的了。

对于培根来说，破除同时就意味着建立。为了根治人类心灵的种种病态，他要求人类的理智向经验世界彻底洞开：“如果物质世界的各个领域，也就是说，地球，海洋与星体的领域，已经在我们的时代大大地打开和表露在我们面前，而理智的世界仍然关闭在旧时发现的狭隘范围之内，那就是很可耻的事情了。”[1]而过去曾经如此自满自足的有限理性法则，一旦打开了它的狭隘范围，一旦被要求来“始终依附在自然的子宫上”，它马上也就成了一个开放的系统，马上反省到了自身的不足和有限。培根积极地要求来填补这个不足，要求找到一种新的逻辑的格，一种能够使心智与经验相沟通的新的思路。他告诫说，“我们的步履必须有一个线索来指导，而从第一次感觉知觉开始；整个的道路就必须建筑在一个稳固的设计上。”[2]毫无疑问，他那著名的“归纳三态”——“契合法”、“差异法”和“共变法”，正是基于这种认识建立起来的。

对于自己这种对人类理性法则的新的建构，培根有时是颇为自鸣得意的：

> 如果一个人能作到的不是作出某种特殊的发明，不管它是如何有用，而是在自然界里燃起一线光明，这一道光明将在它上升的过程中触及并照亮一切围绕我们现有知识的边缘地区，然后在这样一点一点地向前伸展中，不久就可以把世界上最隐秘的东西揭露出来，使人们看得见；那个人（我想）才真正是人类的恩人，——是人类对宇宙的统治权的建立者，捍卫自由的战士，克服困难的英维。[3]

可是，这种自鸣得意的心情却似乎并不能支持他指望去在哪怕是很遥远

① 北京大学哲学系外国哲学史教研室编译：《十六——十八世纪西欧各国哲学》，北京：商务印务馆，1961年，第32页。

② 《十六——十八世纪西欧各国哲学》，第7页。

③ 班加明·法灵顿《弗兰西斯·培根》，张景明译，北京：三联书店，1958年，第43—44页。

的将来建立一个关于整个宇宙系统的传统形而上学式的描述。由于他坚持认为，不能够允许理智从特殊的事例一下跳到和飞到遥远的公理和几乎是最高的普遍原则上去，所以，正如梯利所分析的："他认为试图建立宇宙论的时机还没有到来，他似乎根本怀疑有把握这种知识的可能性。"[①]培根的这种朦胧的疑虑，可以用现代数学的概率论得到清晰的表达。"根据任何标准的概率论，对世界有所主张的任何全称陈述的概率等于零，不管观察性根据是什么……即：任何观察性证据都是由有限数目的观察陈述组成，而全称陈述对无限数目的可能存在的情况有所主张。于是普遍性概括是真的概率就等于有限数除以无限数，不管构成证据的观察陈述的有限数增加多少，概率仍然是零。"[②]这表明，在培根试图建构新的理性法则的同时，他不仅仅是对过去传统理性法则的能力表示了怀疑而且对这种新法则也不敢把它吹上天去。恰恰相反的是，他骨子里正是要借助于这种新的理性法则，来加强他对于传统形而上学体系的怀疑。

培根的思想在洛克的头脑中得到了大大的成长。

如果说，培根的"四假象说"，还主要是打算从破坏的角度或者说驳论去申诉人类过往思想路数的荒唐，那么，洛克则已经主要是打算从建立的角度或者说立论去断定传统思考方法的悖理了。正是基于"白板说"，洛克才从经验主义的角度，渐次细析了分为"感觉"和"内省"的两种简单经验，如何经过组合形成了复杂的情状、实体、关系观念，从而以简单经验为砖石砌起了一个人类理智的完整经验主义理论大厦。这样，一方面，洛克对人类理性的新建构就更

① 梯利：《西方哲学史》下册，葛力译，北京：商务印书馆，1979年，第24页。

② 查尔默斯：《科学究竟是什么》，查汝强等译，北京：商务印书馆，1982年，第27页。

洛克（1632—1704）

为细致和丰满，另一方面，他对传统形而上学及其通往这座神殿的石阶——传统演绎法则的怀疑就更有力度。

洛克的怀疑主义，表现在他的“知识的限度”这个命题上。他说：“人们如果仔细考察了理解底才具，并且发现了知识的范围，找到了划分幽明事物的地平线，找到了划分可知与不可知的地平线，则他们或许会毫不迟疑地对于不可知的事物，甘心让步公然听其无知……”[①]不待言，提出知识界限的命题，就意味着要去论证限外的无知，就意味着企图把形而上学中的“命

① 洛克：《人类理解论》，关文运译，北京：商务印书馆，1959年，第5页。

运女神”推入不可知的黑洞之中。

果然，在洛克所阐明的人类的三层无知中，他的那种源于弗兰西斯·培根的怀疑精神被大大地明朗和深化了。

首先，洛克认为，我们缺乏观念。这就是说，他意识到了人类本身感官的局限性。由于他感到自然的本质（比如当时流行的“微粒子论”的性质）无法为人们手触目睹，所以他怀疑地写道：

> 我们自然难以断言，在宇宙底别的部分中，别的生物究有什么不一样的感官和能力，究有什么更多数、更完善的感官和能力，帮助他们得到别的简单的观念。……我们只是确乎知道，对于各种事物，除了我们所已有的那些观念之外，我们还缺少别的观念，使我们不能在它们方面完成更完美的发现。[①]

正因为人们通过经验与外部的事实的沟通有这样天然的障碍，因此，人类的知识的最终能力就很值得怀疑了。他断言：

> 在物理的事物方面，人类的勤劳不论怎样可以促进有用的、实验的哲学，而科学的知识终久是可理而不可及的。[②]

同时，他更把这种矛头对准各种各样的神学——“当然更没有关于神灵的科学。”[③]

其次，洛克还认为人类有第二层无知的原因，那就是，“由于在我们所有

① 同上书，第 545 页。
② 同上书，第 548 页。
③ 同上书，第 549 页。

的观念之间，缺乏明显的联系”。所谓观念间的联系，在他看来，正是人类的知识，因为知识“就是人心对两个观念底契合或矛盾所生的一种知觉”。[①]而由于简单观念为外在（他还并不否认客体的实在性）的摹本。复杂观念即知识为心的产物，前者必真，而后者未必，他就绝不认为一切简单观念都可以任意相连形成知识，所以，“我们底知识比我们底观念较为窄狭”。[②]由此，他特别着力去攻击了诸简单观念的“并存”关系；正由于人类感官有第一层的局限，所以，那种代表一组简单观念的实体概念的本质，如果不是幻想，起码也作为一种特殊的观念而永远蔽于人类的感官。这样，洛克就又一次将矛头对准了大讲实体观念的经院哲学：“我们底实体观念既然没有含有它们底实在组织，因此，我们在它们方面便不能形成概括的确定的命题。”[③]

进而，洛克更认为人类还有第三层无知的原因，这主要是指文字的误用。它还是用来针对经院哲学的实体概念的。他明确地说：“所谓用文字来表示它们所不能表示的东西，就是说使它们来表示它们本不能表示的实体底本质。”[④]他这种从哲学角度分析语言缺陷的做法，喊出了现代语义哲学的先声，这正如沙夫所说的那样，对于语义学，“人们有必要追溯到唯名论的传统，特别是17和18世纪的英国的唯名论”[⑤]。

由此，也就大大启发了后人从这个角度来对传统形而上学进行进一步的否决。比如艾耶尔说：

> 甚至企图说明一种真知灼见的形而上学家的言词也是没有字面意义的；所以我们以后进行哲学研究时几乎可以不去注意

① 同上书，第515页。

② 同上书，第530页。

③ 同上书，第583页。

④ 同上书，第488页。

⑤ 沙夫：《语义学引论》，北京：商务印书馆，1979年，第59页。

它们，就像可以不去注意那种由于不能了解我们的语言而产生的更不体面的形而上学一样。①

再比如，维特根斯坦也说：

真正说来哲学的正确方法如此：除了能说的东西外，不说什么事情，也就是除了自然科学的命题，即与哲学没有关系的东西之外，不说什么事情；于是当某人想说某种形而上学的东西时，总是向他指明，在他的命题中并没有赋予符号以意义。②

虽然，洛克本人也有形而上学的著作，可他却和朋友讲，“你我都玩够了这类无聊的闲耍”。所以，谁若不把他的形而上学观（连同他否定了一切实体却唯独肯定神这个最大实体的做法一起）当作戏言，那从洛克的思想逻辑出发，我们就只好把谁的这种讲法当作戏言了。

赖欣巴哈指出：“经验论在培根身上找到了它的先知；在洛克身上找到了它的出众领袖；在休谟身上找到了它的批判者。”③

其实，只要洛克坚持他的逻辑，把思路延伸得稍稍远一些，那他本人就可能成为经验论的批判者，从而给人们的认识能力以更深刻的检讨，也给传统形而上学以更有力的摧毁。只不过，洛克本人并没有这样去做。罗素分析说，“洛克一贯通情达理，一贯宁肯牺牲逻辑也不愿发奇僻的怪论。他发表了一些一般原理，读着总不会看不出，那都是可能推出怪结论的；但是每当怪

① 艾耶尔：《语言、真理与逻辑》，上海译文出版社，1981年，第46页。

② 维特根斯坦：《逻辑哲学论》，北京：商务印书馆，1962年，第103页。

③ 赖欣巴哈：《科学哲学的兴起》，伯尼译，北京：商务印书馆，1983年，第70页。

结论好像就要露头的时候，洛克却用婉和的态度回避开。”①比方说吧，当洛克下那个经验主义的知识定义——“人心对观念间契合或矛盾所生的一种知觉”时，也许他本意是以客体的实在为前提的。然而，当他再发现与实体观念相应的“微粒子”竟远远超出了经验的可能，这就又反过来使他的哲学体系丧失了原有的前提。正如我们曾经谈到过的，德谟克利特的原子论是一个矛盾的东西，它一方面启发了一种从自然本身去研究自然的倾向，另一方面却又独断地像其他形而上学一样臆想了一种“宇宙之砖”以及它背后的“命运女神”（必然律）。所以，当洛克在否定“微粒子”可能在人类认识限度之内的时候，他也就有可能一方面否定传统形而上学的独断，另一方面否认人们对客体实在认识的根据，乃至于否认自然本身。经历过19世纪末的“物理学危机”，我们对此都不难理解。

可是，正如一般说来近代的法国思想家是革命家，德国思想家是教育家一样，英国的思想家也多是政治家，多有过宦海生涯。这中间，尤其是洛克，几任要职，被称为“哲学家中最幸运的人”。于是，这种幸运也就很自然地转化成他哲学体系的不幸。既然政治家爱谈判，爱讨价还价，自然也就免不了爱妥协。

不过，从哲学自身的要求出发，它并不欣赏这种妥协，并不甘心牺牲逻辑的力量。它往往需要一些怪杰枭雄来不顾一切地（哪怕是明显荒唐地）把一个命题发挥到底。只有这样，思想才能投之死地而后存，在它的某一流派的穷途末路中，找到自己向前进取的路径。

休谟，这位在现代的哲学讨论中不可回避的思想家，正是这样的一位怪杰枭雄。在贝克莱贯彻洛克的知识命题到底，把整个世界都龟缩回感觉经验，龟缩回“我”之后，休谟以过人的胆力发挥了本来在洛克《人类理解论》中

① 罗素：《西方哲学史》下卷，北京：商务印书馆，1963年，第136页。

就已蕴含的不可知论，从而强有力地打击了传统的神学和形而上学，使得西方文明图式的核心发生了深刻的变化。

像洛克放过了在“关系”范畴下的数学关系一样，休谟也对数学解证的正确性作出了让步（等下一节我们再来自顾这个问题，看看从中能得到什么样的启发）。然而，与洛克倾全力攻击“实体”观念的做法不同，由于实体早在他的先行者贝克莱那里就已“不复存在”了，所以休谟就把怀疑的矛头对准了“因果关系”。在他看来：“唯一能够推溯到我们感官以外、并把我们看不见、触不着的存在和对象报告于我们的，就是因果关系。”[1]而正是借助这种因果观念，就使得我们的身体虽然限在一个星球上，但我们的思想却在一刹那间超越到宇宙边际，甚至宇宙

休谟（1711–1776）

① 休谟：《人性论》，北京：商务印书馆，1980年，第90页，第20页。

之外，独断地论证一切。

休谟认为，因果关系只在人们的经验之中，“我们离了观察和经验的帮助，那我们便不能妄来决定一件事情，妄来推论任何原因或结果”。[①]那么，经验中的因果关系是否可靠呢？他说，由于每个结果都不同于原因，它就不可能在其原因中发现出来，所以，因和果的联络是任意的，是主观的联念，是一种习惯的产物——“虽然不知道自然的能力和原则，可是在我们看到相似的可感性质时，总是谬想，它们也有相似的秘密能力，而且期望它们会生出一些与我们所经验过的结果相似的一些结果来。”[②]

正是凭借这种习惯所生的主观联念因果论，休谟毫不迟疑地将神学和形而上学充满乐观宗教热情的想象翅膀折断了。他对种种的独断论，表示了皮浪式的怀疑：

> 诸位在自然中找到一些现象，诸位就找寻一个原因或创造者。诸位想象自己找到了他。随后诸位又爱上了诸位脑中的这个子嗣，所以诸位就想象他一定还产生了比现在的事物更伟大更完美的一种景象，现在的事物状况是那样充满了灾患和纷乱的。诸位忘掉了这种天上的智慧和仁慈完全出于想象，或者至少说在理性中是没有基础的……[③]

他甚至激烈地说，当他在图书馆里拿起一本神学书或经院哲学书，他就要把它投到烈火里，因为它所包含的没有别的，只有诡辩和幻想！

① 休谟：《人类理性研究》，吕大吉译，北京：商务印书馆，1999年，第30页。

② 同上书，第141页。

③ 同上书，第122页。

好一把冲天的大火啊!

自从休谟哲学问世以来，他的下述说法——“他们借长久的习惯获得了一种思路，因此，在原因出现时，他们立刻就期待它的恒常的伴随，他们不容易想到，别的结果会由此生出来。只有在发现了反常的现象时（如地震、瘟疫，以及任何怪物）他们才觉得自己茫茫然找不到适当的原因来，并且不能解释那种结果所由此产生的途径”[①]，一直像罗素那只“圣诞节的火鸡”一样．啄着形而上学的种种体系，啄着独断者们的脑壳!

因而，休谟的哲学，也就成为每一个想使自己的思想进入现代的人的必经的路标。休谟的烈火，在每一位思想者的心灵深处为“命运女神”准备好了火葬场。

上帝，在人们的思想中，已经开始死了！无可挽回地走向死亡了!

① 同上书，第64页。

第三节

雅典娜之涅槃：近代辩证理性的形成

康德被惊醒了！

对传统理性之太过自满自足的反省，本来就使他在大陆理性主义的怀抱里如卧针毡了。在《纯粹理性批判》（1781年）问世的前19年，康德还抱定一种传统的幻想，以为只能通过理智，只有通过一系列推理才能得出结论——世界上存在着某种崇高的、绝对的和必不可少的存在物。可是，越往后，这种以有限理性来进行无限虚构的把戏，就越使他反感了——

请看他的自白："我受命运的指使而爱上了形而上学，尽管它很少对我有所帮助。"这一不成功的爱情延续了好多年。康德在大学工作的全部期间都在讲授形而上学（"按鲍姆加登的课本"），有关世界、上帝和灵魂的本质这样一些"可恶的"形而上学问题一直使他感到头痛。然而越往后越明显：用思辨的方法是无法解答这些问题的。[①]

正是在这样的情况下，按照康德自己的说法，休谟的提示，就首先打破了他独断主义的迷梦，他不无痛苦地写道：“如果承认他（休谟——引者注）的结论，那么我们所谓形而上学整个不过是一种欺骗，通过这种欺骗，我们幻想对于实际上只是来自经验并且在习惯影响之下取得了虚幻的必然性外貌的东西有了合乎理性的洞察。”[②]因而，他明确地表达了自己对传统形而上学的不满。

> 自从我懂得了批判之后，每当我读完一本由于概念明确，由于内容丰富多彩、争理分明和文体流畅而使我既感到兴趣又受到教益的形而上学内容的著作时，我都不禁要问：这位著者真的把形而上学推进了一步吗？……对于任何综合命题，形而上学从来也没有能够先天地给以有效的证明。因此任何分析都既没有取得什么成就，也没有产生和推进什么东西，而这门学科尽管闹哄了这么多时候，却仍旧停在亚里士多德的时代……[③]

和经验主义哲学家们相仿佛，康德从他的《先验感性论》的主体时空观出发，强调了人类认识器官不足以支持过往形而上学独断结论的“局限性”。他写道：“如果我假定一个非感性的直观的对象是给予了的，我无疑是能思想到它有着包含在我所假定中的一切属性，我固然能说这对象并没有属于感性

① 阿尔森·古留加：《康德传》，贾泽林、侯勋初、王炳文译，北京：商务印书馆，1981年，第78页。

② 《十八世纪——十九世纪初德国哲学》，第41—42页。

③ 康德：《任何一种能够作为科学出现的未来形而上学导论》，庞景仁译，北京：商务印书馆，1978年，第164—165页。

直观的任何确定，说它不是扩延的，不在空间里，说它的持续不是时间，说在它里面没有在时间中的变动或相继，等等。可是仅仅指出它们怎样不是被知觉到。并不能说明对于它的直观究竟有什么内容，并不能得到关于这对象任何实在的知识。用那种方法，我甚至不能理解我的纯粹概念所适用的对象的可能性是怎样的，因为我不能提出和这样一个对象相应的直观，而只能够说我的直观永远不能叫我和它接触而已。”[①]有趣的是，这种非感性的直观，依康德的说法，是属于神而不属于人的。然而，神在他对认识的批判中却又得不到论证。所以，我们与其说康德在这里是要论证神通的经验的无限，倒不如说他是在论证人的经验的有限了。

康德（1724—1804）

人既然是一种有限的经验的存在，他就必然也是一种有限的理性的存在。康德针对形而上学的独断结论，贯彻了他著名的直观无概念则盲，思维无内容则空的原则，认为当知

① 约翰·华特生编选：《康德哲学原著选读》，韦卓民译，北京：商务印书馆，1963年，第67页。

性企图利用固有范畴去超越有条件的自己，达到理性阶段的无条件的内容的时候，它事实上就成为空洞的了。因为“利用知性的纯粹概念对于一个对象的思想只有靠它与感官的对象发生关系，才能变为知识”[①]，而在必然展示于时空之中的有条件的现象界的限度之内，形而上学的命题必是超越性的；这就等于说，永远不可能在经验中把纯粹理性的最高原理来作适当的使用。[②]这样，康德就断然否定了过去一个个流产了的独断思想体系——“我们得出的结论是，我们永远不可能超越可能经验的界限，因而永远不可能实现形而上学主要关心的目的。”

这样，康德就继承了经验主义的怀疑传统，从大陆理性主义的营垒中冲出来对传统的理性进行了深刻的反省。他说：“按照怀疑论的观点，理性对待它自身苛酷到如此程度，以致怀疑论不是从别处，而恰恰是从对理性的最重要的向往得不到满足而感到完全灰心失望这一点上产生的。因为人们早在系统地向自然界发问之前就向抽象理性发问，那时理性早已在某种程度上通过普遍经验被使用着；因为理性永远在我们眼前，而自然法则却一般是通过一种辛勤的探索才能得到的。”[③]他不由诘问，如果在我们需要知道的事情之一种上面，理性却丢弃了我们，而只用一些虚假的愿望来引诱我们，那么我们怎能相信人类的理性呢？所以他明确自己的任务说：“纯粹理性的批判并不是对于书本和体系的批判、而是对于一般的理性的官能的批判、对于理性寻求独立于一切经验的知识的那种批判。”[④]

这种对于理性的批判，这种对于理性的“瑕疵”和“缺陷”的暴露，最为明显地表现于康德的对四对“二律背反”问题的证明上。由于缺乏经验的

① 同上书，第66页。

② 同上书，第119页，10页。

③ 康德：《任何一种能够作为科学出现的未来形而上学导论》，庞景仁译，北京：商务印书馆，1978年，第29页。

④ 约翰·华特生编选：《康德哲学原著选读》，第12页。

依据，精通传统形式逻辑的康德，在这里运用了“反证法”，以保证纯粹的理性的推导。他巧妙地在宇宙的量（有限还是无限）、质（单一还是复合）、关系（自由还是自然）、模态（必然还是偶然）这种种为过去一切独断主义所喋喋争论的问题上，同时运用理性给出了八次（四对）证明，让它去“以子之矛，攻子之盾”，暴露了理性的重重相悖，显示了它在构造最终体系上的无能，使理性不得不承认自己的无法自满自足。

传统的形而上学，终于在康德这里受到了釜底抽薪式的批判。我们都熟悉海涅的一个形象化的说法——康德取下了自然神的血淋淋的首级。英伦三岛的那一把大火，终于烧到了理性主义内部，使“理智之神”雅典娜英勇地自焚，给那古希腊式的类乎孩童的乐观心理以沉重的决定性的打击。

“命运女神”已经灰飞烟灭了。

可是，“理智之神”雅典娜，在这场大火中的下场究竟如何呢？她会不会被烧焦呢？

上一节中，我们约略提到过，洛克曾经在“关系”范畴的名义下肯定了数学的正确性。休谟的怀疑论也曾在数学解证的问题上让了步。

不仅如此，如果我们细究起来，还会发现，从休谟早期的《人性论》到他后期的《人类理性研究》，这种对数学的让步还有所加大。早先，他只承认代数学和算术的正确性，认为它们由于完全取决于观念，反映着观念间的关系，所以能够成为知识和确定性的对象；而“几何学或者说确定形的比例的那种技术，虽然就普遍性和精确性而论远远超过感官和想象的粗略判断，可也永远达不到完全确切和精确的程度。几何学的最初原理仍然是由对象的一般现象得来的，而当我们考察自然所容许的极小的对象时，那种现象就绝不能对我们提供任何保证”。[1]可是，到了后来，他却认为，对所有的数学命题，“我们尽凭思想作用，就可以把它们发现出来，并不必依据于在宇宙中任何地方存在的任何东西。自然中纵然没一个圆或三角形，而欧几里得所解证出的真理也会永远保持其确实性和明白性。”[2]也许，从经验主义的自身逻辑出发，早年的论证似乎更严密些。可是，究竟是什么逼迫得他节节后退呢？

特别有趣的是，经验主义者休谟对数学之纯粹理性之质的强调，甚至使得仍然禀有理性主义传统的康德都感到过火了（一般认为康德没有读过休谟早期的《人性论》）。康德写道，休谟“等于说：纯粹数学只包含分析命题，而形上学则包含先天综合命题。在这上面他就大错而特错了，而且对他的整个观点来说，这个错误有着决定性的不良结果。假如不是犯了这个错误，他本来可以把他关于我们综合判断的来源问题远远扩展到他的形而上学因果性概念以外去，甚至扩展到数学的先天可能性上，因为他一定会把数学也看作综合判断”[3]。康德在这里说休谟认为形而上学包括先天综合命题，也许是出于误解。但是，他对于这位经验主义者在数学的问题上却太理性，却是抓得很准确的。对这个问题，赖欣巴哈也分析过：“一涉及数学，休谟的解释就不是很有根据的了。由于他不能知道19世纪对于建立非欧几何学所做出的答案，他就无法解释几何学的双重性质，即它既是听命于理性的又是为观察所预言的。”[4]

其实，我们不难推想，即使休谟活到了今天，能够得以知悉数学所经历的几次危机，他也并没有多少道理会完全否认理性本身的存在。如果说，从

① 休谟：《人性论》，第86页。

② 休谟：《人类理性研究》，第26页。

③ 康德：《任何一种能够作为科学出现的未来形而上学导论》，第25页。

④ 赖欣巴哈：《科学哲学的兴起》，第72页。

最终的意义上讲，休谟主义是一直有效地警惕着归纳主义结论的或然性，强调着大自然的奥妙无穷，那么，相对于人类认识的每一个有限阶段来说，他的怀疑主义就显得不那么有说服力了。为什么人类会不约而同地对于外部的因果关系有这样的而不是那样的观念呢？这恐怕并不像休谟所说的那样只是由于心灵的惯性自律而与荒诞的谬想仅有非本质的区别，而是由客体在演变过程中所表现出来的相对恒常和齐一造成的。当然，一开始，人类的关于恒常和齐一的观念是由外部现象叠加而成的，但是，这种叠加并不是一个机械的过程，它势必帮助主体积极主动地去形成一个相对自律的理性心理结构（尽管由于客体变化展示的有限性，这种理性也必然是有限的）。我们想，任何的哲学家，包括休谟在内，都无法真正摆脱这种人类已经禀有的理性心理结构，否则他根本无法与读者们展开思想交流，甚至根本无法展开自己的思想体系，——人们也许会这样问他，你想论证理性的全然不存吗？那么，你所给予的论证是否属于理性？如果不是，那这只是一种经验的任意主观联接，它还不足以否认理性的存在；如果是，那不管你如何熟读理性，你对它的承认却早已逻辑在前了。

看来，“理智女神”雅典娜还有她活下来的充足理由。

正是因为这个，康德在涉及到数学和物理学的时候，才不去问它们“是否”可能，而去问它们“如何”可能。正是因为这个，胡塞尔后来才会尝试把人类的主体心理结构客观化到柏拉图理念论的绝对高度（据西蒙娜·波伏瓦说，萨特曾因此将胡塞尔的思想说成是“唯理论十足的哲学”）。也正因为这个，在当代的科学哲学中，从波普尔证伪公式，“P1 → TT → EE → P2…”的理论在先，到库恩的不断变革着（即不断由理性重组着）的科学范式，到拉卡托斯的在各种辅助假说和初始条件的保护下不被证伪的科研纲领（硬核），再到夏佩尔把科学发现也企图纳入理性范围，并提出种种推理模式的做法……人们才不断地向自己的理性心理结构致敬。

在上一节中，我们说过，经验主义哲学在培根和洛克那里，本意是要建立人类新的理性法则的，只是到了休谟那里，这种尝试才被否定。因此，从积极的意义上说，休谟的哲学，是发挥了经验主义哲学的特长而给所有此前此后的独断主义以当头棒喝；而从消极的意义上讲，则是由于把经验主义推向了极端，导致了对人类理性的完全否认，从而暴露了这派哲学的弱点使其盛极而衰。这话当然也可以反过来说：休谟的哲学，从消极的意义上讲，是给所有的人类认识从最终的意义上划定了一条不可逾越的界限；而从积极的意义上讲，则是以自己这派哲学的自殉为整个人类的认识带来了生机，使人们可以更自觉和更主动地去反思和建构自己的理性。

而这种对理性的新的反思和建构，正是从康德开始的。尽管康德用来支持他的关于数学和物理学可靠性的科学事实基础，都早已动摇了。但是，人们却并没有因此而忘记他的“哥白尼革命”的意义。正是这种革命，否认了“理智女神”和“命运女神”的血缘关系，由此否认了雅典娜这位“雅典的女子”的神性，把她的功能，归咎于人类自身的伟大力量。

从而，我们可以把康德对于人类理性的批判，看作人类理性的象征——雅典娜在烈火中的一次涅槃的开始。一方面，由于“二律背反”的学说，理性承认了自己在构造最终体系上的矛盾或左右为难，从而埋葬了过去的自己。然而，另一方面，这种神情的丧失，尽管使理性不得不痛苦地面对自己的有限性，面对自己的重重背反，但是，在勇敢地认可了自己的这种有限和矛盾之后，理性却远没有消沉。恰恰相反，由于它在对自己的反思中反观了矛盾中的进化过程，发现了辩证递进的规律，它就将这种辩证的性质看作是自己的本质，藉此使自身逐渐进化成一种更高阶段的理性形态——辩证理性。从此，永远受着震荡的理性，开始在克服重重的矛盾的斗争中显示出了主体的一种英勇意志和坚实力量，从而不仅没有向那可能有的无限屈膝下跪，反而更为积极地在矛盾运动中披荆斩棘向着它上升。人类思想由此大大地成熟了一步，这种成熟中也许的确是包含有一些悲剧的意识——可正是在这种惊心动魄的伟大悲剧中，理性看出了自己的崇高！

人类的理性，从此丢开了她在想象中的与“命运女神”的虚伪的母女之情，脱离了滋养过她的宗教奶娘的怀抱，艰难地去走自己独立的路了。这正是康德哲学的不可磨灭的功绩。

当然，在近代辩证理性形成的艰难历程中，康德还仅仅只是在开始。尽管他比任何前人都更多地看到了主体的力量，从而他也比任何前人都更真切地看到了理性的积极意义，但是，他对矛盾的看法却还是比较无力和消极的。在《先验辩证论》里，他仅仅限于用矛盾去为人类理性划定一条最终的界限，而没有看到，正是这种矛盾，诱使得有可能是处于有限与无限，现象与本质，偶然与必然，自由与被决定之间的人类，在昂然地向上攀援。所以，康德对于矛盾的理解，也许足以使人清醒，但却不足以使人清醒地奋进。

黑格尔写道：

> 康德特别要求在求知以前先考察知识的能力。这个要求无疑是不错的，即思维的形式本身也必须当作知识的对象加以考

黑格尔（1770—1831）

察。但这里立即会引起一种误解，以为在得到知识以前已在认识，或是在没有学会游泳以前勿先下水游泳。不用说，思维的形式诚不应不加考察便遽尔应用，但须知，考察思维形式已经是一种认识历程了。所以，我们必须在认识的过程中将思维形式的活动和对于思维形式的批判，结合在一起。我们必须对于思维形式的本质及其整个的发展加以考察。思维形式既是研究的对象，同时又是对象自身的活动。因此可以说，这乃是思维形式考察思维形式自身，故必须由其自身去

> 规定自己的限度，并揭示其自身的缺陷。这种思想活动便叫做思想的“矛盾发展”……①

对此李泽厚在他新版《批判哲学的批判》里补充评述说，抓住人类主体性的主观心理建构，探索和把握人类的精神结构，是康德的基本特色所在；而黑格尔展示的却是问题的另一面——人类主体性的客观现实斗争，故黑格尔对人类发展的客观进程的伟大历史感是他的主要特征。②

事情的确是如此。在黑格尔的矛盾重重和艰深晦涩的思辨哲学体系内部，我们时时可以感受到人类坚强不屈的伟大精神，可以感受到人类自身的辩证理性的那种充满生命冲力的历史指向。从这一点上说，黑格尔是有力地补充了康德，发挥了康德，完成了康德。

人们曾经把黑格尔比作“理智之神”雅典娜的起飞于黄昏的猫头鹰。但黑格尔本人，却更喜欢把自己所代表的这种辩证理性精神比做一只东方神话中涅槃的凤凰——

> 这不死之鸟，终古地为自己预备下火葬的柴堆，而在柴堆上焚死它自己；但是从那劫灰余烬当中，又有新鲜活泼的新生命产生出来。③

作为人类理智象征的雅典娜的更生，突出地反映在黑格尔最优秀的著作——《精神现象学》之中。在这本书里，他写道：“精神的生活不是害怕死

① 黑格尔：《小逻辑》，贺麟译，北京：三联书店，1980年，第118页。
② 李泽厚：《批判哲学的批判》（修订本），北京：人民出版社，1984年，第56—57页。
③ 黑格尔：《历史哲学》，王造时译，北京：三联书店，1956年，第114页。

亡而幸免于蹂躏的生活，而是敢于承当死亡并在死之中得以自存的生活。精神只当它在绝对的支离破碎中能得全其自身时才赢得它的真实性。精神是这样的力量，不是因为它作为肯定的东西对否定的东西根本不加理睬，犹如我们平常对某种否定的东西只说这是虚无的或虚假的就算了事而随即转身他向不再闻问的那样，相反，精神所以是这种力量，乃是因为它敢于面对面地正视否定的东西并停留在那里。精神在否定的东西那里停留，这就是一种魔力，这种魔力把否定的东西转化为存在。”①

正因为人类的精神、理性，敢于在无中看出自己的有来，在否定中看出自己的存在来，黑格尔便得以在很高的思想水平上以宏大的气魄涵盖历史上的怀疑主义。他批评一种抽象的怀疑主义，并赞赏一种特定的怀疑主义：

> 怀疑主义永远只见到结果是纯粹的虚无，而完全不去注意，这种虚无乃是特定的虚无，它是对于结果之所自出的那种东西的虚无（或否定）。但事实上，如果虚无是对结果之所自出的东西的虚无，那它就纯然是真实的结果；它因而本身就是一种特定的虚无，它就具有一种内容。终止于虚无或空虚的抽象性上的怀疑主义，是不能超越这抽象性而继续前进的；它必须等待着看看是否有什么新的东西显现出来，以便它好投之于这同一个空虚的深渊里去。相反，当结果被按照它真实的情况那样理解为特定的否定时，新的形式就立即出现了，而否定就变成了过渡；有了这种过渡，那穿过意识形态的整个系列的发

① 黑格尔：《精神现象学》上卷，贺麟、王玖兴译，北京：商务印书馆，1979年，第21页。

展进程，就将自动地出现了。[①]

而从这种特定的怀疑主义出发，黑格尔宣称："只有对显现为现象的意识的全部领域都加以怀疑，只有通过这样的怀疑主义，精神才能善于识别真理。"[②]这样，这种对人类精神适合发展的全部现象的普遍怀疑，反而会积累起一个大写的"肯定"来。这正是《精神现象学》的精髓所在——

> 现在，既然这个陈述只以正在显现为现象的知识为对象，它本身就似乎不是那种在其独有的形态里发展运动着的自由的科学；而从这个观点上看，这种陈述毋宁可以被视为向真知识发展中的自然意识的道路，或灵魂的道路；灵魂在这个道路上穿过它自己的本性给它预定下来的一连串的过站，即经历它自己的一系列的形态，从而纯化了自己，变成为精神……[③]

我们都知道，黑格尔在他叙述的人类精神从低向高的不断过渡中，在论述感性和知性的章节里，曾经把我们刚刚才追述过的洛克和康德的认识论思想都演绎进他历史主义的逻辑之中，都安排在他所谓的人类的精神"现象"之中。从辩证理性的自身性质来看，我们又有什么理由，不把迄今乃至今后的人类思想发展史，看作一部永远由后来者撰写下去的《精神现象学》，看作一种不断由低向高的理性生长过程呢？又有谁，能有理由只把过去的思想材料视作精神的"现象"，却把自己的思想视作精神的"最终本质"呢？从本质上

① 同上书，第56页。
② 同上书，第55页。
③ 同上书，第54页。

讲，辩证理性是绝不允许人们对任何现成事物，包括它自己，抱一种形而上学的态度的，因为除非这种主变的哲学坦率和痛苦地承认它自身也永远有待于完善，就势必会走向荒唐的悖论。恩格斯，在他考察“从康德以来的整个运动的顶峰的哲学”时就这样说过：“黑格尔哲学的真实意义和革命性质，正是在于它永远结束了以为人的思维和行动的一切结果具有最终性质的看法。”①

很可惜，也许再没有哪一个人，比黑格尔本人更乐于和善于嘲弄他所深刻阐发的人类的辩证理性精神了。他把他的《精神现象学》，只看作是他整个《哲学全书》的导言。而为了在以后的哲学正文中能够从一个独断的前提出发以便再以一个独断的结论结束，从而把自己的哲学思想说成是整个人类思想的最终完成，他就不得不在这部“导言”的最后像传统形而上学一样地进行了“超越”，进入了“绝对知识”。这正如奥甫相尼科夫所说的：“在这部著作的最后部分中，明显地表现出黑格尔体系的独断的方面。绝对理念在黑格尔的哲学体系中认识了自己。这样他就使他的体系的独断的内容永恒化了，从而与他的否定一切独断论的方法发生了矛盾。”②

这样，人类崇高的辩证理性，又被赋予了一种假想的神性，贬低到了旧形而上学中的理性的意义上。黑格尔希望假此再为本已化为乌有的“命运女神”重塑金身。他企图把他所意识到的那些有限的辩证理性法则再次夸大为无限的，藉之以论证传统意义上的并且是更为“辉煌”的形而上学体系，就此从实体存在的独断论走向了实体存在方式的独断论，从本质的独断论走向了本质关系的独断论；因此，他沦入了一种“泛逻辑主义”，在人类的思想过

① 《马克思恩格斯选集》第4卷，中共中央马克思恩格斯列宁斯大林著作编译局编译，北京：人民出版社，1972年，第212页。

② 奥甫相尼科夫：《黑格尔哲学》，侯鸿勋、李金山译，北京：三联书店，1979年，第107页。

程中大大地开了倒车，以致于，“几乎20世纪的每一种重要的哲学运动都是以攻击那位思想庞杂而声名赫赫的19世纪的德国教授（指黑格尔——引者注）的观点开始的”[①]。

人们曾经正确地指出过，黑格尔的“理念”是斯宾诺莎的“实体”加费希特的“自我意识”。不过，从另一个角度说，他的“理念”又是神和人的糅合，基督精神和人道精神的糅合。尽管他的绝对精神也往往以自我意识、以主体能动性的面貌出现，但从根本意义上说，这种人的意志却被歪曲为一种特殊的“天意”。人，只是神的环节。

有人说，黑格尔的这种观念，是反映了当时人们对理性的信心。这种说法没有多少根据。事实上，恰恰相反，黑格尔的这种对辩证理性精神的明显背叛，正是反映出了他对人类自身的理性力量信心不足，从而不得不去替它寻找一个神的支撑点。也许，从当时的情况看，人们还离不开信仰的拐杖。但是，从辩证理性本身的要求来看，真正要树立起自己的信心，那就必须毫不迟疑地扔掉它。我们应当看到，迄今为止的历史向我们表明，主体与客体间的关系是辩证的：一方面，任何一个生存过的人，都的确是一个有限的存在，因而都的确只有有限的理性，都的确不可能在他们所享有的有限时空区间之内，对客体获得非有限的真理性认识；而在另一方面，如果无限存在，那由于世代繁衍和不断的认识和实践，人类又的的确确已经在其即便是非常有限的发展过程中展示出了一种向着这种“无限”和“绝对”日益逼近的非有限的趋势，——这才应该是真正的人类对自己理性功能的信心所在！

马克思从来强调主体在辩证理性中的决定性积极作用。他说，黑格尔还

① 怀特：《分析的时代》，商务印书馆，1981年，第7页。

“只是为历史——它还不是作为现成的主体的人的现实的历史，而只是人产生的活动、发生的历史——的运动找到了抽象的、逻辑的、思辩的表达”[1]。因此，在黑格尔那里，“自然界以及历史所创造的作为人的产物的自然界的人类性，就表现在它们是抽象精神的产物，并因而是精神的环节即思想物。因此，《现象学》是一种暗含着的自身还模糊不清的、带有神秘色彩的批判；但是，既然《现象学》紧紧抓住人的异化，——虽然在《现象学》中人是以精神的形式出现的，——那么，在它里面就潜藏着批判的一切要素，并且这些要素往往已经具有了远远超过黑格尔观点的完善的和成熟的形式。”[2]

是的，只有从主体的角度来批判性地研读黑格尔的著作，我们才能真正理解出近代辩证理性的伟大意义，割除它被强加的神性，恢复它属人的原有面目。

① 马克思：《1844年经济学－哲学手稿》，刘丕坤译，北京：人民出版社，1979年，第112页。

② 同上书，第115页。

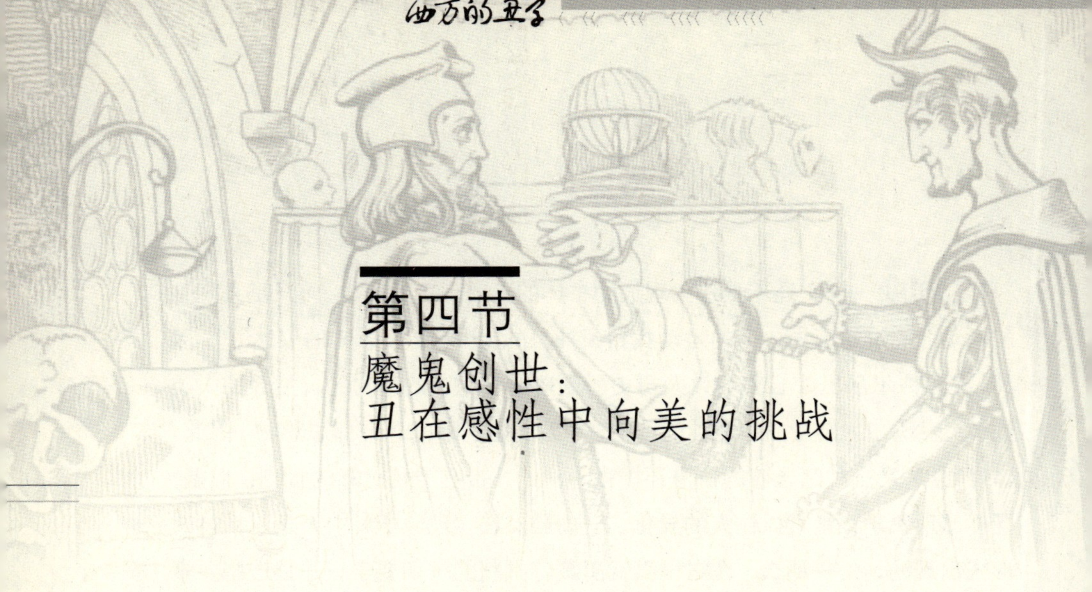

第四节
魔鬼创世：丑在感性中向美的挑战

正像雅典娜和阿芙洛狄忒在希腊神话中是平起平坐的姊妹一样，理性生活和感性生活，在人类心理中也是平行的、相对独立的和不可取代置换的两大因子。

但是，在任何一个特定的文明图式中，它们确乎又因为同样禀受着一种特定的文化基因，同样感受着一种特定的时代精神，而在其发展中似乎默契般地显示出了一种共同方向。正因为这样，我们在第二章第六节里，曾经作过比喻，说它们好像是显示了一种（莱布尼兹式的）“前定的和谐”。

但这个比喻又不能强调过头。我们知道，莱布尼兹的单子，是相互隔绝和闭锁的。但是在现实中，一个文明图式内部的诸因子，却是相互诱导，相互制约，相辅相成的。我们对西方近代文化的分析，是从理性开始的。所以，当我们顺下来再叙述西方近代感性心理的嬗变时人们自当很容易理解，本书是十分强调理性对感性、哲学对艺术的巨大影响的。是的，历史越发展到晚近，哲学在一个文明图式中就越有取代宗教而成为此图式之核心的趋势，这当然是因为哲学越来越以理性的思考动摇和批判了宗教所造成的。如果以西方一些文化人类学家的观点来看，他们甚至会说，这业已可以说是一种世俗化的宗教（世界观）取代了过去对于神灵世界的信仰。这种说法往往有其深刻和合理的一面。但是，我们觉得，这样来应用“宗教”一词，毕竟显得太含混了。所以，为了维护人类理性的尊严，我们仍然应该坚持说，哲学就是哲学，不论它如何取代了宗教的地位。

不过，谁要是由此推论，说西方从近代开始的艺术活动都是从哲学思辨中演绎或者图解出来的，那他又错了。恰恰相反，我们看到，哲学也经常从艺术心理中汲取营养。上一节我们所叙述的近代西方的充满冲突、背反和震荡的辩证理性，曾经从近代的感性心理中受到了很大的启发。狄德罗的小说《拉摩的侄子》，就曾被恩格斯誉为“辩证法的杰作”。

而近代辩证理性的完成者黑格尔，更在他给大作家歌德的一封信中说，“我在纵观自己精神发展的整个进程的时候，无处不看到您的踪迹，我可以把自己称作您的一个儿子。我的内在精神从您那里获得了恢复的力量，获得了抵制抽象的营养品，并把您的形象看作是照耀自己道路的灯塔。”[①]

请不要把黑格尔的话完全看成是一种因德国当时的鄙俗气所导致的谦词。这里的自我审度是真实可靠的。卢卡契说：

> 从历史上看，黑格尔那个时代里只有歌德一人可以跟他列于同一个层次。在《精神现象学》的准备文稿中，我们发现

① 《黑格尔通信百封》，苗力田译编，上海人民出版社，1981年，第130页。

布莱克绘：《浮士德》插画

《浮士德》插画

有长篇大论的论述歌德的《浮士德》的文章，实在不是偶然的事情。因为这两部著作表现了一个类似的目的，那就是，试图对到达了当时那个阶段的人类的诸发展环节作一个全面的理解，并将它们的内在运动，它们的自身规律性表述出来。①

正是由于这个缘故，如果说，由各因子相互感应共同形成的整个西方近代文化的主潮，曾经以哲学的形式抽绎在黑格尔的《精神现象学》之中，那么，这种文化——正是被斯

① 卢卡契：《青年黑格尔》，王玖兴译，北京：商务印书馆，1963年，第142页。

宾格勒称之为“浮士德文化”的——也确曾以音乐的形式融汇在贝多芬的《英雄》、《命运》、《合唱》等几部主要的交响乐中，特别是，以文学的形式，凝聚在歌德的诗体悲剧《浮士德》中。在这部伟大的文学作品里，歌德清楚地反映出，他极其敏锐地感受到了，西方近代的感性心理正和理性一样，充满了冲突，充满了分化、背反和对峙。

那么，让我们在这一节里较为详细地分析一下作为近代西方文化缩影的《浮士德》，藉此来窥探感性心理的裂变吧。

歌德说过：“十全十美是上天的尺度，而要达到十全十美的这种愿望，则是人类的尺度。”[①]也许，人们会误以为，歌德的心目中，还是充满了那种古希腊式的对美的幼稚乐观的信仰。

其实并非如此。在《浮士德》中，人的这种尺度，并不像在希腊的心理里那样与神的尺度暗中沟通；恰恰相反，它与那种想象中的绝对尺度比起来，竟显得那样望尘莫及。歌德虽借靡非斯特的嘲讽之口说道：“谁想把‘美’这种宝贝发掘，／就需要哲人的秘法，至高的艺术”（董向樵译：《浮士德》，本节中凡只注页码者皆同），可是，那位“已把哲学，／医学和法律，／可惜还有神学，都彻底地发奋，攻读”（第21页）的老浮士德博士，却又对他心目中的美这样哀叹：“我曾有力量把你召来，／却无力量将你阻留。”（第35页）这样，仿佛人类便只有在“庄生晓梦迷蝴蝶”时，才能可怜巴巴地接触到一点儿美了。对此，浮士德油然这样笑骂自己：“我不像神！这使我感受至深！／我像虫蚁在尘土中钻营，／以尘土为粮而苟延生命，／遭到行人的践踏即葬身埃尘。”（第35页）

自然，歌德并未因此而简单地否定人生。浮士德甚至曾经这么讲：“你仔

① 《歌德的格言与感想集》，程代熙，张惠民译，北京：中国社会科学出版社，1982年，第61页。

细玩味，就会体验更深，／人生就在于体现出彩虹缤纷。”（第286页）你乍看他竟把人生说成瑰奇的虹霓，也许会联想起歌德的一首抒情小诗来——“世界看起来无往而不可爱，／而以诗人的世界特别华美，／他那绚烂、明朗、银灰的原野，／日日夜夜，闪着灯火的明辉。／今天一切都壮丽，愿永远这样！／今天我透过爱的眼镜眺望。”[①]也许，你还会以为，他这一瞬间产生的似乎由泛神论所导致的对大自然的泛爱，未免像一个不大理智的情种那样，“把任何女子看作海伦”（靡非斯特语，第142页）。不过，细读一下《浮士德》，你就会感到，刚才这种领会纯然是一种误会，歌德之所以肯定人生，倒并不是因为他像古希腊人那样天真幼稚，而是因为他虽然有所失望，却还并未就此而对人生绝望。他似乎觉得，“这个地球上，／还大有用武之地”（第588页），所以，主体就在此将奋斗的责任勇敢地承受了下来——“我有勇气到世界上去闯荡，／把人间的苦乐一概承担。／不怕和风暴搏斗，／便是破釜沉舟也不慌张。”（第26页）

既然是一种“破釜沉舟”式的搏斗，浮士德的这段决心就绝不是无所指的戏言——“现在正是时机，就用行动来证实，／堂堂男子不亚于巍巍神祇。／别在那幽暗洞穴之前颤栗，／幻想只是折磨自己，／快向那条通路毅然前趋，／尽管全地狱的火焰在那窄口施威；撒手一笑便踏上征途，／哪怕是冒危险坠入虚无。”（第38页）

那么，什么是这种“虚无”呢？在歌德的形象中间，当然就是那个和浮士德形影不离的靡非斯特——“我是经常否定的精神！／原本合理了一切事物有成／就终归有毁了；／所以倒不如一事无成。／因此他们叫做罪孽、毁灭等一切，／简单说，这个‘恶’字／便是我的本质。”（第69页）正如斯太

① 《歌德诗集》下册，钱春绮译，上海译文出版社，1982年，第498页。

尔夫人所写道的，在歌德的“书中有一种强大的魔力，一种对于恶本源的歌颂，一种恶的陶醉，一种思想的迷途失径，使读者颤栗……似乎尘世的统治一度掌握在魔鬼手里”[①]。

《浮士德》里，曾有这么一问：“尔本丑类蠢然，／敢与美人比肩？”（第508页）歌德本人对此的回答是肯定的：“我们称为罪恶的东西，只是善良的另一面，这一面对于后者的存在是必要的，而且必然是整体的一部分，正如要有一片温和的地带，就必须有炎热的赤道和冰冻的拉普兰一样。”[②]所以，在歌德的笔下，就反映出了人类感性心理两极的共存：虽然，“美与丑从来就不肯协调”，却又“挽着手儿在芳草地上逍遥”。（第509页）

丑，就是这样在人类的感性心理中分化和独立出来，向美的超越地位挑战，要求当一个“齐天大圣”！

我们不禁要问，为什么丑在歌德这里一反常态地获得了这样大的造反力量呢？

卢卡契曾这样说过：

> 歌德和黑格尔生活在资产阶级最后的伟大的悲剧的时代的开端。摆在这两个人面前的，已经是资产阶级社会的不可解决的矛盾，已经是从资产阶级社会里产生出来的个人与人类的分裂。他们两个人的伟大，一方面在于他们毫无畏阻地正视这些矛盾，并试图用最高形式的、文学的或哲学的语言把这些矛盾

① 斯太尔夫人：《德国的文学与艺术》，丁世中译，北京：人民文学出版社，1981年，第191页—192页。

② 《欧美古典作家论现实主义和浪漫主义》第2辑，中国社会科学院外国文学研究所外国文学研究资料丛刊编辑委员会编，北京：中国社会科学出版社，1981年，第282页。

> 表述出来；另一方面，由于他们生活在这个时代的开端，他们还有可能——虽然也不免穿凿附会矛盾百出——就整个人类的经验，就人类意识的发展，创造出一些概括的却又含有深刻而真实的规定的综合形象来。[①]

的确，歌德笔下美与丑的剧烈冲突的根源，要到这位大艺术家对他所身处的整个充满矛盾的时代的悲剧性感受中去寻找。

我们知道，甚至就连《浮士德》究竟是否悲剧的问题（答案其实再清楚不过地写在该书的扉页上）都一直是人们乐于争论的话题。这种争论启示了我们。歌德本人似乎有着独特的悲剧观念，使任何现成的悲剧理论套语都套不中这位大文豪。

但是，我们首先要问一句，人们为什么总是不由自主地要生发出各种各样的悲剧观念呢？那恐怕首先就在于任何一个生长着的文明系统都必然会碰到为它所独有的剧烈摇撼人类心灵从而既使他们苦不自胜又令他们不禁长歌当哭的戏剧性冲突罢！所以，我们有必要先来分析一下《浮士德》所反映出的特定悲剧冲突，然后才可能理解歌德那种迥异于亚里士多德的美丑并立的悲剧观念。

我们先来看"知识悲剧"。歌德说过，"在这个完全是有条件的世界上，去直接追求无条件的事物，没有比这更可悲的景象了。"[②]浮士德与靡非斯特的冲突中，一个很大的侧面，正是反映出了人生这种有限与无限的矛盾。尽

① 卢卡契：《青年黑格尔》，王玖兴译，北京：商务印书馆，1963年，第142—143页。

② 《歌德的格言与感想集》，程代熙、张惠民译，北京：中国社会科学出版社，1982年，第66页。

管浮士德不是没有困惑过：“我也感到，只是徒然，把人类精神的瑰宝？集在身边，／……／我没有增高丝毫，／而对无限的存在未曾接近半点”（第93页），可是，他心里仍然有这种认识整个宇宙的热望：“人人的天性都一般，／他的感情总是不断地向上和向前。／有如云雀没入苍冥，／把清脆的歌声弄啭；／有如鹰隼展翼奋飞，／在高松顶上盘旋。”（第57页）对这种无限的梦想和梦想的无限，靡非斯特只付之了一次次的嘲笑。“这傻瓜为你（指上帝——引者注）服务的方式特别两样，／尘世的饮食他不爱沾尝。／他野心勃勃，若是驰骛远方，／也一半明白自己的狂妄。”（第16页）你也许要说，正像庄周也讲过“吾生也有涯，而知也无涯；以有涯随无涯，殆已”（《庄子·内篇·养生主》）一样，这种怀疑思潮应当是古已有之的，的确不错。但是，歌德在这里却主要地是反映出我们上两节里叙述过的那种近代西方特定的怀疑思潮。因为歌德笔下的魔鬼所最最瞧不起的，不是别的，正是在他那个时代正受到折磨蹂躏的理性。靡非斯特对上帝说：“关于太阳和宇宙，我无话可讲；／我只看见世人受苦难当。／这世界的小神还是老样，／和开辟那天一样荒唐。／本来他可以生活得较为称心，／如果你没有给以无光的虚影；／他把这据为己有而称作理性，／结果只落得比畜牲还要畜牲。”（第15页）对于这种“无光的虚影”，魔鬼还进行了进一步的嘲弄。他在与学生的对话中，对传统的逻辑法则大说反话：“亲爱的朋友，所以我奉劝你，／先听逻辑讲义。／这样你的精神就受到训练，／好比统进西班牙长靴（是一种刑具，类似所谓“老虎凳”——原译者注）一般。／你会循着思维的轨道，／更加谨慎地亦步亦趋，／不至于横冲直撞，／迷失南北东西。／譬如平常随意饮食，／本来一定可以吃完，／但是你受惯了逻辑的训练，／就得分出第一！第二！

第三！”（第98页）正是基于这种对于传统理性的大胆否定精神，歌德才借靡非斯特之口讲出了那句名言——“灰色呵，亲爱的朋友，是一切的理论，／而生活的金树长青”（第104页），表示了对过去种种形而上学体系的鄙夷。康德曾经写道：“自信有足够的能力在其他科学上发挥才能的人们谁也不愿意拿自己的名誉在这上面（传统形而上学——引者注）冒风险。而一些不学无术的人在这上面却大言不惭地作出一种决定性的伟论，这是因为在这个领域里，实在说来，人们还不掌握确实可靠的衡量标准用以区别什么是真知灼见，什么是无稽之谈。”[1]这种批判与靡非斯特对那位笃信经院哲学书本的老浮士德博士的嘲讽何其相似——“难道你一生中，破题儿第一次／才制造虚伪证据？／你不曾大力把定义作出，／证明神，世界及活动其中的事物，／证明人的思想情愫？／这难道不算是厚颜无耻，大胆露骨？／你得坦白地说，／你对那些知识，／难道比施韦德兰的死知道得更多！”（第171页）这更启发了我们，《浮士德》的“知识悲剧”里的冲突，正像《纯粹理性批判》的《先验辩证论》一样，反映了人类知识在无限面前的困难处境，体现了近代理性所特有的二律背反。

这种“知识悲剧”又是和“爱情悲剧”紧密相连的。浮士德说：“在我的心中呵，盘据着两种精神，／这一个想和那一个离分！／一个沉溺在强烈的爱欲当中，／以固执的官能贴紧凡尘；／一个则强要脱离尘世，／飞向崇高的先人的灵魂。”（第57–58页）这也就是《楞严经》上讲的“纯想欲飞，纯情欲堕”吧；的确，你可以说，这种理性与感性，灵与肉之间的矛盾，也是贯穿于整个文明进程之中的。不过，它在歌德的笔下，却同样有着那个时代的特殊印迹。如果说，过去的宗教正是在很大程度上凭着一种虚假的理性论

① 康德：《任何一种能够作为科学出现的未来形而上学导论》，庞景仁译，北京：商务印书馆，1978年，第4页。

证来压抑人们的本能要求，以维持社会的秩序和集团的向心力，那么，随着理性本身在近代越来越受到怀疑，随着一切形而上学体系都被归咎于人类的“先验幻象”，宗教之知识论的毁灭就势必导致它伦理观的崩溃，导致它禁欲功能的破坏。这样，人们就不免越来越朝着它所点化的相反方向去“堕落”了。这一点，机警的靡非斯特看得很清楚：“尽量蔑视理性和常识，／蔑视人间最高的能力，／尽量在幻术和魔法中／让虚诳的精神加强自己，／我就这样绝对地掌握住你！——／……／我把他拖进狂放的生活，／经历些吃喝玩乐，／……／他将要求充饥解渴，／即使不委身恶魔，／也必然彻底堕落！”（第95页）我们知道，黑格尔在《精神现象学》的“快乐与必然性”这一节里，曾经引证歌德的这些诗来说明知识沦丧与感官沉湎之间的关系。他说，这时进入人类自我意识的“不是天上的精神，不是知识和行动里的普遍性的精神（在这种精神里，个别性的感觉和享受陷于沉寂），而是地上的精神”[1]。这两种天壤之别的精神境界，自然会在当时每一个人的心灵深处形成巨大的冲突，甚至我们的大诗人也不例外：“歌德一身禀有两个极端：肉欲与超肉欲，反道德与信奉斯宾诺莎主义，自我中心与甘心作出最崇高的自我牺牲，平易近人与极端孤僻。虔诚与厚颜无耻……”[2]这才使得歌德笔下油然流出了浮士德与葛丽卿的“爱情悲剧”：一方面，这对恋人的爱情是那样纯真和热烈；另一方面，世俗的道德谴责乃至于葛丽娜本人由于信奉传统道德律而引起的良心自疚，又显得那样严峻和顽固。这正是近代西方社会心理中灵与肉、传统与反抗、保守与激进、基督徒的禁欲人格与后来演变成马尔库塞所说的“单向度”的享乐人格之间的剧烈悲剧性冲突的缩影。

当然，这些矛盾都还有着它们深刻的社会基础。它在很大程度上反映于

① 黑格尔：《精神现象学》上卷，第240页。

② 艾米尔·路德维希：《歌德传》，甘木等译，天津人民出版社，1982年，第95页。

《浮士德》的“政治悲剧”之中。在《皇城》一场里，歌德借宰相之口，描绘了他所置身的德国社会现状：“谁要是从这崇高庙堂向全国瞭望，／就好比做了噩梦一场，／到处是奇形怪状，／非法行为穿上合法伪装，／一个颠倒的世界在踧踖飞扬。”（第290页）这使我们记起了恩格斯对18世纪末法国社会的生动描述——

这是一堆正在腐朽和解体的讨厌的东西。没有一个人感到舒服……贵族和王公都感到，尽管他们榨尽了臣民的膏血，他们的收入还是弥补不了他们的日益庞大的支出。一切都很糟糕，不满情绪笼罩了全国。……一种卑鄙的、奴颜婢膝的、可怜的商人习气渗透了全体人民，一切都烂透了，动摇了，眼看就要坍塌了，简直没有一线好转的希望，因为这个民族连清除已经死亡了的制度的腐烂尸骸的力量都没有。

法国的资产者知道，德国只不过是一个粪堆。但是他们处在这个粪堆中却很舒服，因为他们本身就是粪，周围的粪使他们感到很温暖。[①]

梅林也同样描述过当时德国的这种上层的无耻和下层的无能：

在整个世界史上，也许再找不出另一个阶级像17和18世纪的德国诸侯那样长期地精神空虚、庸碌无能，但是对人类的各种卑鄙行为却又那样地事事精通。他们丧尽廉耻，在形形色

① 《马克思恩格斯全集》第2卷，中共中央马克思恩格斯列宁斯大林著作编译局编译，北京：人民出版社，1972年，第633—634页。

> 色的邪恶罪过中度日。……但是在德意志却没有一个阶级能够或愿意有效地反抗这种小邦诸侯的暴政。贵族地主也和诸侯一样过着放荡的生活，充当诸侯的侍从、奴仆，甚至为他们撮合通奸。可怜的负担使农民们过着非人的生活。城市也随着德国手工业商业和工业的凋敝而衰落了。①

也许，你要说，这种不合理的臣民与不合理的君主之间的关系，反倒是合理的；因此，那位被事业热忱驱使反而到了宫廷里去做国王弄臣的浮士德，似乎不像那位临死前还要喊——“自由！自由万岁！”的铁手骑士葛兹，不像那位临刑前还要说——“英雄的人民！胜利女神在指引你们前进！如同大海冲破你们的堤坝，暴政的壁垒也一定会塌崩”的哀格蒙特，能够令人感受到进步力量与那“已经死亡了的制度”之间的悲剧性冲突。其实大谬不然。“政治悲剧”本是歌德在魏玛公国政治生涯的写照。或者我们可以说，正是由于在歌德“心中经常进行着天才诗人和法兰克福市议员的谨慎的儿子、可敬的魏玛的枢密顾问之间的斗争，前者厌恶周围环境的鄙俗气，而后者却不得不对这种鄙俗气妥协，迁就”②，就使得歌德倍加痛苦。因为在他更深一层的心理之中，他无疑从来就像对待冰和炭一样地区分着这之中的本心与违心，真与假——“生活的限制窘迫没有改变我这个‘人’，/我蔑视那种伪善的可怜的假面。”③歌德那种永无止息的浮士德精神，加上他对有限政治现实的痛苦确认，使得他心目中产生了巨大的冲突。他曾借浮士德之口说道：“好比自由

① 梅林：《中世纪末期以来的德国史》，张才尧译，北京：三联书店，1980年，第59页。

② 《马克思恩格斯全集》第4卷，中共中央马克思恩格斯列宁斯大林著作编译局编译，北京：人民出版社，1972年，第256页。

③ 《歌德叙事诗集》，钱春绮译，北京：人民文学出版社，1983年，第3—4页。

精神尊重一切公理，／却被傲慢的强权所欺，／使得热血沸腾，感情悒悒不已。”（第589页）如果我们想，正是像书中的浮士德马上转而去追求代表古典美的海伦一样，现实中的歌德，由于他把整个时代的悲剧性冲突都放进了自己的胸膛，内心的激烈斗争就迫使他不得不从魏玛逃向意大利，进入自己的“古典时期”，觉得这是拯救自己的唯一手段，那我们就不能不承认，这种内心的冲突对于当时的德国现状来说甚至有着更真切更感人的悲剧意义。这种情况在历史中是屡见不鲜的。对于一个真心做不合理臣民的人来说，他无疑是喜剧的角色；而对于一个不得不违心去做不合理的臣民的人来说，他却双倍地是一个悲剧里的主人公……

尽管歌德本人有着“要达到十全十美”的人间的尺度，可是，在这样一个又一个难以克服的矛盾之中，这种美的尺度就无法不用来度量美的反面；美就无法在他的感受中，像在古希腊人的天真眼睛里那样，对丑有强烈的消化能力。

这样，丑在歌德的表象世界里，就无法不被分化和突出出来，被赋予一种强有力的地位。我们都记得，汤因比曾把他那种文明生长的诱因在于“挑战与应战”的观点！归咎于《浮士德》中靡非斯特形象的启示。的确，近代感性视野中这种美与丑的激烈对峙和相持不下，使得歌德开始执一种“魔鬼创世说”。早在青年时代，他就已经开始认为，“如果上帝活着，他一定是多种多样的，一定不仅创造他的神子和圣灵，还得创造魔鬼，并赋予他创造力”[①]！

后来，现实生活层次中这种美丑互不相让共长争高的现象，就使得歌德在《浮士德》中借着“魔鬼创世说”得以发挥了一种高层次的具有极大概括

① 汉斯－尤尔根·格尔茨：《歌德传》，伊德等译，北京：商务印书馆版社，1982年，第22页。

意义的独特悲剧观。

首先，歌德的悲剧观首肯了人类感性心理的二元化。时代交响乐中“第一主题”和“第二主题”的对立展开，使得人的心灵在向十全十美的上天的尺度的进逼中，充满了痛苦的体验。歌德这种展开人类的尺度而向上上升的精神当然是执着的，他让浮士德豪迈地对靡非斯特说道：“只要我一旦躺在逍遥榻上偷安，／那我的一切便已算完！／你可以用种种巧语花言，／使我欣然自满，／你可以用享受把我欺骗／……／假如我对某一瞬间说：／请停留一下，你真美呀！／那你尽可以将我枷锁，／我甘愿把自己销毁！”（第87页）但是，他也深知这其间饱蕴着正反两极感受的相揉：“我要委身于最痛苦的享受，／委身于恋爱的憎恨，委身于爽心的厌弃。／我的胸中已解脱了对知识的渴望，／将来再不把任何苦痛斥出门墙，／凡是赋予人类的一切，／我都要在我内心体味参详，／我的精神抓住至高和至深的东西不放，／将全人类的苦乐堆积在我心上……”（第91页）

正由于对人生的体验有极端痛苦的一面，使得人们并不是不可能在追求美的过程中流露出犹疑和灰暗。1826年，歌德在通知《海伦幕》（即第二部的第三幕）单独发表的预告里说：

> 浮士德的性格，在从旧日粗糙的民间传说所提炼的高度上，是表达这样一个人物，他在一般人世间的限制中感到焦躁和不适，认为据有最高的知识、享受最美的财产、哪怕是最低限度地满足他的渴望，都是难以达到的；是表达这样一个精神，他向各方面追求，却越来越不幸地退转回来。[1]

① 转引自杨周翰等：《欧洲文学史》下卷，北京：人民文学出版社，1979版，第25页。

那么，我们不禁要问，悲剧的结局究竟如何呢？歌德对深陷于悲剧性矛盾的人类命运的最终看法究竟如何呢？究竟歌德还能不能像正统信仰所教导的那样，把亚当和夏娃的被逐出伊甸园，只看作一个旋即要到来的“千年王国”之前的微不足道的小小插曲呢？

莱辛在他利用浮士德传说写成的剧本草稿最后，曾经假天使之目申斥魔鬼：“你们别高唱凯歌，你们并没有战胜人类和科学；神明赋给人以最高贵的本能，不是为了使他永远遭受不幸；你们所看见而现在认为据为已有的不过是一个幻影。”[①]我们知道，一般人对歌德的《浮士德》结局的理解，也是把它雷同于这种基督教式的独断乐观。汤因比干脆就把《浮士德》比附于《圣经》，认为“在歌德的这故事里，这位大胆的爬山家，在无数次致命的危险艰辛挫折的磨难之后，终于胜利地攀上了山峰”[②]。

如果真是这样，那歌德的这部诗剧，就很有点儿像但丁的《神曲》一样，由地狱，而炼狱，而天堂，尽管经历过许多悲剧性的场景，但最后仍然算不上一种人间的悲剧，而只是“神祇的喜剧”（这才是《神曲》书名的原义）。

当然，这种说法并不是全无根据的。正像黑格尔的哲学涵盖了他那个时代的社会心理的全部特有矛盾而显得难以自圆一样，歌德也的确因用自己的心灵包容了这种矛盾而显露出自己的矛盾。他像黑格尔一样确实无法使自己所体会到的主体的辩证精神完全摆脱传统基督教义的羁绊——“浮士德身上有一种活力，使他高尚化和纯洁化，到临死，他就获得了上界永恒之爱的拯救。这也完全符合我们的宗教观念，因为根据这种观念，我们单靠自己的努力还不能沐福于神，还要加上神的恩宠才行。”[③]正是由于这种传统力量的影响，使得歌德在《浮士德》最后安排了一场“神秘的合唱”——“一切无

① 《浮士德·译序》，董问樵译，上海：复旦大学出版社，1983年，第4页。

② 汤因比：《历史研究》上册，曹未风等译，上海人民出版社，1959年，第80页。

③ 《歌德说话录》，北京：人民文学出版社，1978年，第244页。

常事物，／无非譬喻一场；／不如意事常八九，／而令如愿以偿；／奇幻难形笔楮，／焕然竟成文章；／永恒女神自如常，／指引我们向上。”（第693–694页）

然而，正像我们不应当为了黑格尔对他所阐发的人类辩证理性精神的明显背叛而否认他在思想发展史中的贡献一样，我们也不应当为这样一个天主教式的结局，而忘记挖掘《浮士德》中所深蕴的歌德独特的悲剧观念。

也许，对这个结局之写作过程的了解，会使我们对歌德这种浮士德式的悲剧精神认识得更深刻一些。歌德根本不是始终充满决心，把浮士德直接派到天堂去。在一份草稿上，靡非斯特这样说道：“我们还会在世上相逢／这位自我满足的笨伯／也还会落入我的网中。”在更早的一个稿本中，甚至这样写道：“混乱的结局通向地狱。”……虽然《浮士德》的结局迫使许多人做出老歌德皈依宗教的判断，但是无论在歌德，还是在他的浮士德那里，都不可能找到一点良心受折磨，或祈求神宽恕一切的迹象。歌德根本没有考虑过让浮士德像但丁飞向神秘主义的蔷薇那样，飞升入天堂。那么怎么来结束浮士德的一生呢？歌德直到他完成这部悲剧时也不知道。在这之前好几年，歌德甚至认为，靡非斯特也会得到上帝的宽恕的。

歌德十分清楚地声明，《浮士德》的结尾可能是“天主教”式的，但那仅仅是形式而已。他常常又把这一部分称为酒神节式的。[①]

很显然，那个时代的深刻的理性批判精神，是与传统信仰的无理超越大相抵触的。所以，虽说“天主教”式的结局仅仅是形式上的，也足以使现实感极强的歌德感到无所措手足了——

① 艾米尔·路德维希：《歌德传》，甘木等译，天津人民出版社，1982年，第601–605页。

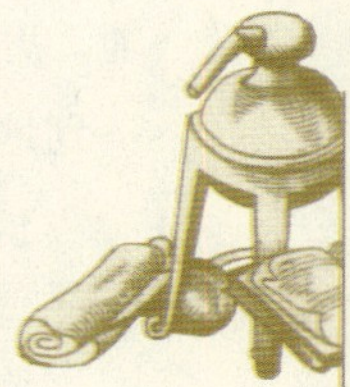

> 你得承认，得救的灵魂升天这个结局是很难处理的。碰上这种超自然的事情，我头脑里连一点儿影子都没有；除非借助于基督教一些轮廓鲜明的图景和意象，来使我的诗意获得适当的、结实的具体形式，我就不免容易陷到一片迷茫里去了。[1]

因而事实是，正如我们说过真正辩证理性是带有一点儿悲剧感的现实理性一样，真正的浮士德精神，就一定会在人间的地面上上演悲剧而绝不是喜剧。

在浮士德心目中，没有任何超自然的事物，既没有地狱，也没有天堂，有的只是一个充满尖锐矛盾的现实世界。而正因其矛盾，这世界便有点儿像《神曲》中的炼狱，人们在这里既可能被拯救，也可能遭毁弃。歌德一方面并不认为人是可以自高自大的天之骄子——“如果人们想想自己肉体上或道德上的情况，通常都会发现自己是有病的”。[2]但另一方面，他却也绝不赞成任何的自暴自弃——“错误总不离我们；可是，更高的要求／总会把努力的精神悄悄引向真理。”[3]他无疑感到，只要有这种“努力的精神”，人类就并非没有自我完善的可

① 《歌德谈话录》，北京：人民文学出版社，1978年，第244页。

② 《歌德的格言与感想集》，程代熙，张惠民译，北京：中国社会科学出版社，1982年，第16页。

③ 《歌德抒情诗选》，钱春绮译，北京：人民文学出版社，1981版，第94页。

能，就并非没有机会像他所解释的莎士比亚那样，“跟普罗米修斯比赛，一点一划地学习他去塑造人类”。[4]

但也正是在此人类自我完善的“绵绵无尽期”的行程中，却注定了浮士德的一生必得到一种悲剧的结局。浮士德说，“波浪悄悄地逼近，泛滥各处，／本身既不生产，又造成不毛之地；／它不断地膨胀，汹涌和翻卷，／掩盖一片令人厌恶的荒滩。／内在力量促使一浪接着一浪，／翻来覆去，不过一阵空忙，／身临目睹，几乎使我绝望；／这是自然原素的自发力量！／我要振作精神，大展雄图，／与海斗争，将水制服！”（第589−590页）这里的象征意义是极为明显的，歌德借此表达出了人类从必然王国走向自由王国的强烈事业心。然而，他却又清醒地认识到，相对于这样一种伟大的事业来说，绝没有任何一个有限的生命可以走完这条通向自由的无限之路，绝没有任何一个人可以有足够的天年看到靡非斯特的无条件投降。因此，当浮士德奋斗一生行将就木之际，当他听魔鬼说人们是在为他掘坟挖墓而不是再造围海濠沟时，他就不得不借助于想象来弥补自己这种壮志未酬的遗憾——“不错！我对这种思想拳拳服膺，／这是智慧的最后结论：／人必须每天每日去争取生活与自由，／才配有自由与生活的享受！／所以在这儿不断出现危险，／使少壮老都过着有为之年。／我愿看见人群熙来攘往，／自由的人民生活在自由的土地上！／我对这一瞬间可以说：／你真美呀，请你暂停！／我有生之年留下的痕迹，／将历千百载而不致湮没无闻。——／现在我怀着崇高幸福的预感，／享受这至高无上的瞬间。”（第667−668页）的确，生命的有限和事业的无限，这无疑是人生中最大和最深刻的一对矛盾。我们因此可以说，《浮士德》最后的“事业悲剧”，是它五个悲剧中层次最高的，最能体现歌德

① 《欧美古典作家论现实主义和浪漫主义》第2辑，中国社会科学院外国文学研究所外国文学研究资料丛刊编辑委员会编，北京：中国社会科学出版社，1981年，第282页。

悲剧精神的悲剧。从本心来说，浮士德永远不愿意停留，他要向那辉煌壮丽的自由王国无限地逼近。可是，他有限的生命却无情地使他面临着死，面临着停住脚步。于是，他不得不竭尽自己的最后一点儿心力，把自己从现在推向憧憬中的未来，希望自己不是停留在这个到处充满悲剧性冲突的可恶环境中，而是停留在"自由的人民生活在自由的土地上"那样一个"至高无上的瞬间"。这是何等地令人回肠荡气，嗟叹不已！

人类精神，正是在对自己的现实反省中，痛苦地体察和承认了丑在自己任何一个有限的途程中都不可能被无限地超越和克服——"如果你一天不发觉／'你得死和变！'这道理，终是个凄凉的过客／在这阴森森的逆旅。"[①]

不单如此，靡非斯特更显出了一副咄咄逼人的架势："连这晦气而又空虚的最后瞬间，／这个可怜人也想紧握在手里。／他一直顽强地对我抗拒，／可是时间占了上风，老翁倒毙在地。"（第668页）这个恶灵宣扬一种"死去原知万事空"的观点："过去和全无，完全是一样东西！／永恒的造化何有于我们？／不过是把创造之物又向虚无投进。／'事情过去了'！这意味着什么？／这就等于从来未曾有过，／又似乎有，翻来覆去兜着圈子，／我所受的却是永恒的空虚。"（第669页）

那么，歌德本人对这种人生悲剧结局的最终理解又是怎样的呢？如果说，黑格尔笔下的辩证理性精神，是歌德浮士德的抽象形式，那么也完全可以反过来说，歌德的浮士德，正是近代辩证理性的具象形式。因此，歌德是绝不缺乏那种积极超越自身有限性的英雄气概和历史深度的；浮士德精神，在他笔下同样是一只涅槃的凤凰。他说："我们的激情实际上像火中的凤凰一样，当老的被焚化时，新的又立刻在它的灰烬中出生。"[②]是的，生命的个体无疑都

① 歌德：《幸福的憧憬》，引自《梁宗岱译诗集》，长沙：湖南人民出版社，1983年，第10页。

② 《歌德的格言与感想集》，程代熙，张惠民译，北京：中国社会科学出版社，1982年，第54页。

要终结。但是，这种个体的否定是否可能恰恰意味着人类的肯定呢？生命的不死鸟是否可能恰恰是通过一次次的痛苦涅槃而以更生的力量不断发挥其历史主动性，从而不断攀越自由阶梯，向那可能有的无限去无限地上升呢？歌德的回答是肯定的。他假天使之口说——“不断努力进取者／吾人均能拯救之”。（第685页）在另一处，他更明确地写道：“我瞧不起那些对一切事物的短暂性不胜伤感，又一心盘算着尘世浮名浮利的人。人生一世不就是为了化短暂的事物为永久的吗？要做到这一步，就须懂得如何珍视这短暂和永久。”①

既然从根本上讲，作为个体的浮士德虽是必死的，而作为总体的浮士德却很可能是不死的，歌德的精神境界就从“小我”进入了“大我”。他强烈地感到，虽然人类没有理由期待被救，却也同样没有理由不去自救。正是凭着这种伟大历史深度和个人气度，他才假着上帝之口说出了“魔鬼创世论”的理由——“人的活动太容易弛缓／动辄食求绝对的宴安；／因此我才愿意给人添加这个伙伴，／他要作为魔鬼来刺激和推动人努力向前。”（第18页）他感受着整个时代的辩证精神，从实的对立面看到了运动的趋势，把整个世界的创造不是理解为“原始有名”、“原始有意”、“原始有力”，而是“原始有为”！（第64页）正是在这个意义上，歌德又从意志上超越了丑，让靡非斯特去说——“我是那种力量的一体，／它常常想的是恶而常常作的是善。”（第69页）正由于美是在与丑的不断抗争中显示出来，它本身具有过程性——“我为何如此无常，哦，宙斯？美这样发问。／天神回答说：‘我只能使无常显得美丽。’”②所以，歌德在肯定感性两极的基脚上，又企望能够借着这种两极对峙更高层次的美上升。

的确，歌德的悲剧观念是很特殊的。

① 同上书，第22页。

② 《歌德抒情诗选》，钱春绮译，北京：人民文学出版社，1981年，第93页。

> 爱克曼好像感到一部作品“以悲剧开始，而以歌剧告终”是奇怪的。歌德回答说：“是的，是这样。但这正是我的意愿。”[①]

对此，艾米尔·路德维希说得好：

> 他本人也意识到这部作品不同寻常，并且常常把《浮士德》结尾的几场称为歌剧。《浮士德》的结局，作为歌德的美学（恐怕我们这里还是说“感性学”更准确些。——引者注）宣言，对于后代人来说是特别重要的。在这个结局里，作家寻求的是他一生中努力以求、但最终还是未能找到的戏剧形式。[②]

当然，正像真正的辩证理性不可能去构筑一个最终形而上学体系一样，由于歌德的“魔鬼创世说”，那除非他要来扼制主体的能动发展，在幻想中取消浮士德的生命冲力，他就不可能给这部诗体悲剧找到最终结局。正如郭沫若所说的，“忘我之才，歌德不求之于静，而求之于动”[③]。歌德最后只能将这悲剧化为一种充满行动热情和献身精神的歌剧，——这是一曲凄婉而又激越、悲凉而又崇高的人生之歌：

> 你，你这只世人的小舟，
> 要不断一往直前！[④]

① 罗曼·罗兰：《歌德与贝多芬》，北京：人民音乐出版社，1981年，第152页。
② 艾米尔·路德维希：《歌德传》，天津人民出版社，1982年，第589页。
③ 郭沫若：《文学论集》，上海：光华书局，1929年，第180页。
④ 《歌德抒情诗选》，第20页。

第五节
感性的辩证法

海涅曾经说过：

> 《浮士德》成了德国人现世的圣经……这本书也确实像圣经一样广博，像圣经一样，它包罗万象，谈天论地，又谈人和对人的解释。[①]

的确，《浮士德》正是整个西方近代心理的形象化浓缩。因此，歌德所深刻描述过的近代感性之中的分化与冲突，同样体现在他那个时代的举不胜举的无数艺术作品中。

黑格尔曾经用思辨的方式描述了近代感性心理中的这种两极对立。他说，浪漫的精神“通过精神本身的分裂，有限的，自然的，直接的存在，自然的心，就被确定为反面的，罪率的，丑恶的一面”，在这种精神的过程中，“发生了一种挣扎和斗争；灾难、死亡和空无的痛感，精神和肉体的痛苦

① 海涅：《论德国》，北京：商务印书馆，1980年，第67—68页。

作为一种重要的因素而出现了。”①

同时，黑格尔还在“绝对精神”逻辑演绎的形式下，着重描述了随着主体地位的突出，死亡的阴影是如何空前地笼罩了近代艺术——

> 希腊人不能说是已理解了死的基本意义……他们把死看作只是一种抽象的消逝，值不得畏惧和恐怖，看作一种停止，对死人并不带来什么天大的后果。但是等到主体性变成精神本身的自觉性因而获得无限的重要性的时候，死所含的否定就成为对这种高尚而重要的主体性的否定，因而就变成可怕的了，——就成为灵魂的死亡，灵魂从此就成为对本身的绝对的否定面，永远和幸福绝缘，绝对不幸，受到永无止境的刑罚。但是希腊的个人，作为精神的主体，并不自认为有这样高的价值，所以对于他来说，死有比较和悦明朗的形象。因为人只有对他认为最有价值的东西的消亡才产生畏惧。只有当主体认识到自己是精神的具有自我意识的唯一的实在有理由怕死，把死看作对自己的否定时，他才意识到上文所说的生的无限价值。②

同时，由于主体地位的突出，人们不仅仅是在内省死亡时感到了这种无限与有限的冲突，还更在其对外部事实的认识中，感到了自由与必然的冲突。这正如勃兰兑斯所写到的，在近代浪漫精神的代表人物之一雨果的笔下：

> 司各特的温柔精神让位于夸张的热情，这种热情不屈不挠

① 黑格尔：《美学》第2卷，朱光潜译，北京：商务印书馆，1979年，第280页。

② 同上，第280—281页。

> 地向盲目而严酷的必然性，也就是写在教堂墙壁上的那个希腊字“阿南凯”（ávárkη），那个字把我们大家——吉卜赛人和牧师、美人和野兽、太阳神和夸西加莫多——一世纪又一世纪蹂躏在它的铁蹄之下。[1]

这样，丑，就势必在人们的感性心理中越来越独立出来，引起近代艺术家们的关注。李斯托威尔对此分析道：

> 在艺术和自然中感知到丑，所引起的是一种不安甚至痛苦的感情。这种感情，立即和我们所能够得到的满足混合在一起，形成一种混合的感情……它主要是近代精神的一种产物。那就是说，在文艺复兴以后，比在文艺复兴以前，我们更经常地发现丑。而在浪漫的现实主义气氛中，比在和谐的古典的古代气氛中，它更得其所。[2]

当然，作为一个普遍的“感性学”范畴，丑在任何时代的任何艺术流派和任何艺术门类中都是不可或缺的。即使是乐观到要让哈姆雷特王子大唱“宇宙的精华：万物的灵长！”的莎士比亚，也是正如弗·史雷格尔所说的那样——“跟自然一样，让美丑并举”。即使是古代的空间艺术，也不是像莱辛所说的那样只去表现美，而是如朱光潜分析的那样——“不但近代绘画中的一些主体，例如英国布莱克以但丁的《地狱》篇为题材的作品，就连古希腊

① 勃兰兑斯：《十九世纪文学主流·法国的浪漫派》，李宗杰译，北京：人民文学出版社，1982年，第61页。

② 李斯托威尔：《近代美学史评述》，上海译文出版社，1980年，第233页。

的关于林神、牧羊神、蛇神之类丑怪形象的描绘，也都证明造型艺术并不排斥丑的材料。”①即使是那位法国新古典主义的代表人物布瓦洛，在强调诗歌要典雅得体的同时，也并不绝对反对丑的入诗，因为他觉得——“一枝精细的画笔引人入胜的妙技能将最惨的对象变成有趣的东西。”②

但是我们看到，丑在近代感性中却具有新的不同的意义。它越来越清楚地表明，自己并非是美的一种陪衬，因而同样可以独立地吸引艺术家的注意力。捷尔诺维茨写道：“人类灾祸、人类苦难的主题贯穿着德拉克洛瓦的全部创作，这可以说是他的一个基本主题思想。在创作《希奥岛的屠杀》时。德拉克洛瓦感觉到他的感情、他的愤怒也正是他同时代的各个阶级千百万人士的感情和愤怒。”③这种情况并不是孤立的。诺谛埃曾经概括地说，“原始诗人及其优雅的模仿着古典诗人的理解，在于完善我们的天性。而浪漫主义诗人的理想在于我们的苦难。”④

有时候，这种艺术趣味的转换，是经过艺术舞台上下的急风暴雨式的冲突来达到的。具有传统宗教信仰和

卡拉瓦乔《多疑的多马》细部

① 朱光潜：《西方美学史》上卷，北京：人民文学出版社，1979年，第315—316页。

② 布瓦洛：《诗的艺术》，任典译，北京：人民文学出版社，1959年，第30页。

③ 阿尔巴托夫、罗斯托夫采夫：《美术史文选》，佟景韩译，北京：人民美术出版社，1982年，第361页。

④ 《欧美古典作家论现实主义和浪漫主义》第2辑，中国社会科学院外国文学研究所外国文学研究资料丛刊编辑委员会编，北京：中国社会科学出版社，1981年，第66页。

卡拉瓦乔：《多疑的多马》，油画，1601—1602。

艺术趣味的人们，总是像卡拉瓦乔《多疑的多马》中那被人用手指深入伤口的圣子一样，对丑在艺术中的介入感到十分痛苦。我们都知道，1830 年 2 月 25 日，雨果的《欧那尼》上演之后，这出戏"熔悲、喜剧成分于一炉，将美与丑、王与盗、热烈的婚礼与冷寂的坟墓进行富有刺激力的对照，不避鲜血、毒药、决斗、死亡、最后竟将三具尸体直陈台上”[①]，在此后的整整一百个晚上，引得对立的两派观众无所不用其极地“嘘”和“捧”。这种对立也马上流传到社会上去——一方面，打那以后，法国上流社会中竟流传出这样一个口头禅：“到法兰西剧院去笑《欧那尼》！”而另一方面，雨果年轻的追随者们也费了几夜功夫在里佛里街的拱廊上写满了“维克多·雨果万岁！”。

但更多的时候，艺术王国里的丑的僭越却是细雨无声、潜移默化的。我们想一想伦勃朗的《杜普教授的解剖课》，想一想委拉斯奎兹的《教皇英诺森十世肖像》和《宫廷侏儒》，想一想勃吕盖尔的《盲丐》，想一想戈雅的《1808年5月3日夜枪杀起义者》和《死而后已》，想一想席里柯的《梅杜萨之筏》和德拉克洛瓦的《沙尔丹娜帕勒之死》……也想一想席勒《阴谋与爱情》中诡计多端的宰相瓦尔特，想一想雨果《巴黎圣母院》里人面兽心的副主教克罗德，想一想狄更斯《大卫·科波菲尔》中因财丧德的小人尤利亚·希普，想一想巴尔扎克《贝姨》中好色成癖的男爵于洛，想一想莫泊桑《俊友》中拐女发迹的流氓杜洛阿，想一想哈代《苔丝》中假意悔改的淫棍亚雷·德但……不论哪一位艺术家是否像雨果那样采取强烈的挑战姿态，但只要他严肃地对待人生，对待艺术，他就不可能不对丑抱有突出的感受。

丑，就是那样像贝多芬《命运交响乐》里那个著名的三连音一样，来势汹汹地敲打着艺术的大门！

莱布尼兹曾有过一种很没有道理却很有趣味的说法。他说，什么是黑暗呢？那就是最微弱的光线，最起码的光明。传统美学观，正是用这样一种强

① 余秋雨：《戏剧理论史稿》，上海文艺出版社，1983年，第448页。

席里科：《梅杜萨之筏》，油画，1819。

戈雅：《1808年5月3日夜枪杀起义者》，油画，1814。

委拉斯奎兹：《教皇英诺森十世肖像》，油画，1650。

德拉克洛瓦：《沙尔丹娜帕勒之死》，油画，1828。

德拉克洛瓦：《沙尔丹娜帕勒之死》，草图。

勃吕盖尔:《盲丐》,油画,1568。

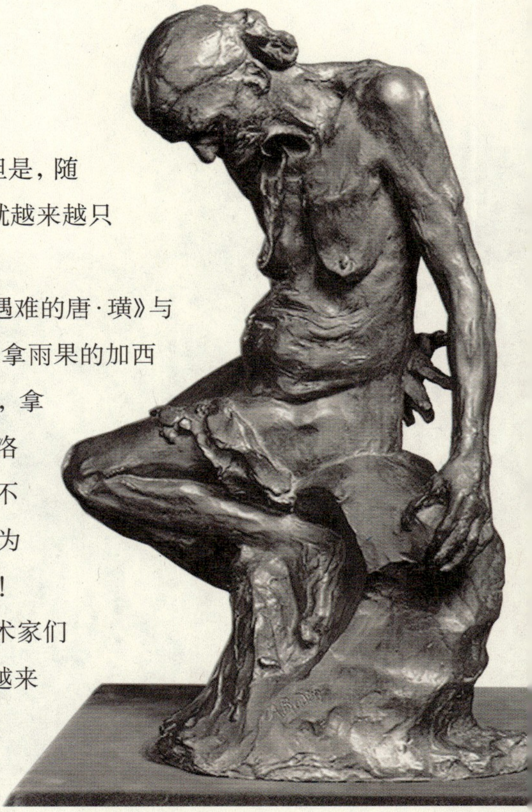

辩，把丑说成是一种最不美的美。但是，随着艺术趣味的变迁，这种强词夺理就越来越只具有“智力游戏”的意义了。

让我们拿德拉克洛瓦的《海上遇难的唐·璜》与古希腊的《拉奥孔群像》比较一下，拿雨果的加西莫多与古希腊的阿波罗像比较一下，拿罗丹的《老娼妇》与古希腊的《米洛斯的阿芙洛狄忒》比较一下。我们不难发现，近代的艺术表象世界，因为丑的介入，而发生了何等样的变化！

那么，我们不禁要问，近代艺术家们对丑的描绘的确是越来越下功夫，越来越“维妙维肖”，然而，难道他们的手笔果然是像亚里士多德或者布瓦洛所说的那样，能够令人感到“快乐”或“有趣”吗？

罗丹《老娼妇》，
青铜雕塑，1910。

过去，人们一直以为，在感性的天宇里，只有美那颗最亮的天狼星。可是，他们现在却突然发现，原来这颗星从来就有一颗丑的“伴星”，它干扰着美这颗星的运行。

于是，艺术的空间就因丑的发现而被大大拓宽了。罗丹自觉地省悟到这一点：“在艺术里人们必须克服某一点。人须有勇气，丑的也须创造，因没有这一勇气，人们仍然是停留在墙的这一边。只少数人越过墙到另一边去。[①]”

的确，在近代，艺术家们是越来越自觉地破除着古希腊那条“不准表现丑”的清规戒律，从而推倒了那堵在人为地垒在美与丑之间的墙壁，开拓了自己的艺术视野。他们的艺术倾向不再是一元的，单向度的，唯美的，而是美丑并举、善恶相对、哀乐共生的。因此，正像近代的理性精神在自身的重重背反中转化辩证理性一样，近代的感性，也同样因感受到自己内部的美与丑的对立冲突而成为辩证的感性。雨果在《克伦威尔·序言》里就这么说：

> 近代的诗艺……会感觉到万物中的一切并非都是合乎人性的美，感觉到丑就在美的旁边，畸形靠近着优美，粗俗藏在崇高的背后，恶与善并存，黑暗与光明相共。它会要探求艺术家狭隘而相对的理性是否应该胜过造物主的无穷而绝对的灵智；是否要人来矫正上帝；自然一经矫揉造作反而更美……它将跨出决定性的一大步，这一步好像是地震的震撼一样，将改变整个精神世界的面貌。它将开始像自然一样行动，在它的创作中，把阴影掺入光明，把粗俗结合崇高而又不使它们相混，换句话说，就是把肉体赋予灵魂；把兽性赋予灵智……[②]

济慈也在书信中说，诗这东西，

> 它没有自性——它是一切，而又什么也不是——它没有性格——它喜爱阳光，也喜爱阴影；它兴致勃勃地生活着，不管

① 《罗丹在谈话和信札中》，载《文艺论丛》第10辑，上海文艺出版社，第404页。

② 《西方文论选》下卷，伍蠡甫主编，上海文艺出版社，1964年，第183页。

丑或美，高贵或低微，富有或贫乏，卑劣或崇高——它同样有兴趣来设想伊阿古或是伊摩琴。[1]

这种“把内作赋予灵魂．把兽性赋予灵智”的感性辩证法，在当时并不是一种偶见的现象。我们都记得，黑格尔曾经以“分裂的意识”的命题概括过狄德罗《拉摩的侄子》的心理，说它是“明智和愚蠢的一种狂诞的混杂，是既高雅又庸俗、既有正确思想又有错误观念、既是完全情感混乱和丑恶猥亵，而又是极其光明磊落和真诚坦率的一种混合物”[2]。

由于宗教信仰的灵光暗淡下来，人们对自己的省察也就更富于现实感了。人，由此从古希腊那种“有死的神”，演变成了“半是野兽半是天使”！这正是感受着辩证精神的近代感性的巨大容量所在。

让我们对比一下这种对人的内省与《浮士德》作者的伟大人格何等相同。比学斯基写道：

歌德从一切的人性中他皆禀赋得一分，而人类中之最人性的。他的形体具有伟大的典型的形象。是全人类人性的象征。所以曾经接近他的人都说从未见过这样一个完全的人。

自然世界上有比他更富有理智的，也有比他更多毅力，或禀有更深刻的感觉更生动的想象力的，但实在没有一个人曾如歌德聚集这许多伟大的禀赋于一个人格之中……

这种奇异的圆满的人性的组合，给予他人格以非常的特

① 《古典文艺理论译丛》，古典文艺理论译丛编辑委员会编，北京：人民文学出版社，1965年，第9辑。

② 黑格尔：《精神现象学》下卷，贺麟、王玖兴译，北京：商务印书馆，1979年，第67页。

征。也给予他许多矛盾的表现。歌德人格与生活中这些矛盾表现使一般人对他难有一准确的观念。同时这个人，有时他像一个物理学家观察光色的曲折，有时他像一解剖学家研究骨骼与肌肉，有时他像个法学家讨论破产法，他对人物事件有非常精细的观察与分析，少年时就有政治家外交家的聪明与经验。同时这一个人又创造了许多幻想如泉涌的诗歌，好像一个沉醉的梦想者穿过这实际的世界，观照人事万物他们丑陋的实际而反映以他自己内心的光彩。又时常对物界关系不能用理智处理，在人群中如一天真而无靠的小孩。他以热烈的情感向往世界像浮士德，但不久又用毁灭的讥诮推开世界像靡非斯特。

歌德像一颗植物，常而感受风雨气候的影响但有时又能对之毫不关心。他心爱他的生命如一个美丽友爱的习惯，但又跑进枪林弹雨中去尝试“炮火的热痛”。他，这个最忠实最纯洁最肯牺牲的朋友，这个最热狂最倾心的情人，可以在感情沸腾时伤害他朋友和情人的心。他，这个像赫尔德所说：在他每一步生活的进程中是一个男子，拉发陀与克乃勃尔称他是个英雄，铁石心肠的拿破仑也不得不喊出：“这是一个人！”但他竟有时不能制止他心的要求与欲望，随波逐流，自失其航，软弱得如席勒所称的“女性情感”（少年维特所表现）。他，有如一个仙灵解脱了一切尘世的重浊，高蹈于超越的境界，他同时又脚踏实地地站在地球上欣赏任何细微的感官快乐，哪怕是他女友玛丽亚娜从家乡寄来的梅子……他，这个处处寻求清明，透入清明的，但也爱飘摇人神秘的幻想中，相信世界秩序里有神魔的存在，灵魂的轮回，常轻轻的感受着预言预兆等迷信的支配，这个人，平常非常温柔忍耐的，竟有时愤怒至于咬牙跺脚。他能闲静，又能活泼，愉快时犹如登天，苦闷时如堕地狱。

他有坚强的自信，他又常有自苦的怀疑；他能自觉为超人，去毁灭一个世界，他又觉懦弱无能，不能移动道途中一块小石……[①]

真的，即使近代心灵中糅进了激烈的叫人难以自持的悲剧性冲突，但是这种冲突既然已经使得他们自己如此丰富多彩五光十色地表现出这数不尽的性格侧面，他们在怨天尤人之余，却又足可庆幸了。

也许，如果作基于上述对比，把近代的人性说成是一个大写的歌德，进而把整个近代艺术的主潮说成是一大本《浮士德》，恐怕你这种说法未必是过分的。

正因为这样，接下来我们要问，这一大本诗体悲剧的最终结局究竟如何呢？或者说，人们对他们所感受到的诸多悲剧性冲突的最终理解究竟如何呢？

可以说，卢梭在《忏悔录》里的那句话——“如果我被监禁在巴士底狱，我一定会绘出一幅自由之图”，正是整个近代人对这个问题的概括而真实的写照。

他们，尽管是残酷地承认现在，却不忍心也不甘心再去残酷地承认未来和理想。他们总是力图在畅想中追求自由的解脱。不论这种理想被放到古代还是后世，自然还是人间，不论它后来被人们称为消极的还是积极的，他们都同样显示出了爱伦·坡所说的那种“不可压制的渴望——这是飞蛾扑向星星的欲望。这不仅仅是欣赏我们面前的美——而是疯狂地向往更高的美”。

这种疯狂般的追求也许会从一种看起来恰好相反的宁静笔调表现出来：

在那宁静而幸福的情景中，
“爱慕”引着我们缓缓前进，

① 《宗白华美学文学译文选》，文艺美学丛书编辑委员会编，北京大学出版社，1982年，第67—69页。

直到血液的循环和身体的呼吸，
都好像静止下来，沉睡了，肉体化成了活着的心灵，
“和谐”和“欣喜”的力量，
使我的眼睛沉静地观察世界，
洞悉万物的生机。[1]

然而，这种受卢梭“返回自然”、“返求自我”口号影响而产生的感伤情调和怀旧心情，从根本上来说，毕竟仍然体现了一种执着的追求。华兹华斯之所以倾吐他对大自然的爱，那是因为他觉得，“在这种生活里，人们的热情是与自然的美而永久的形式合而为一的”[2]。因此，这虽然没有那只“像一朵火云，／扶摇直上青冥”的“永不知疲倦”的“云雀”（雪莱）那样积极，没有浮士德那位大叫：“我的双翅／已经开展！／到那儿去！我得去！我得去！／请容许我飞去！”的爱子欧福良（拜伦）那样冲动，却和后二者同样显示一种借着感性的二元化而向着更高层次的美的上升。

这种上升被模模糊糊地写进了近代艺术家们的宣言之中。

德拉克洛瓦写道：

好像人的习惯或者主意那样，美不可避免地会发生无数变化。我不是，而且谁也不能说，美的本质会改变，因为那时候美变成狂想或者幻想，而美的特点也可能改变。任何迷住远方文明的美的形象，已经不能使我们震动；我们极其喜欢更加符合我们感情的，或者，如果乐意的话，称之为符合我们成见的美。[3]

① 华兹华斯：《写于亭登寺附近的诗行》。

② 《西方文论选》下卷，伍蠡甫主编，上海文艺出版社，1964年，第5页。

③ 德拉克洛瓦：《德拉克洛瓦论美术和美术家》，平野译，石家庄：河北教育出版社，2002年，第261——262页。

雨果也说：

> 古老庄严地散布在一切之上的普遍的美，不无单调之感，同样的印象老是重复，时间一久也会使人厌倦。崇高和崇高很难产生对照，于是人们就需要对一切都休息一下，甚至对美也是如此。相反，滑稽丑怪却似乎是一段稍息的时间，一种比较的对象，一个出发点，从这里我们带着一种更新鲜、更敏锐的感觉朝着美上升。[①]

罗丹也是这样。一方面他说："平常的人总以为凡是在现实中认为丑的，就不是艺术材料——他们想禁止我们表现自然中使他们感到不愉快和触犯他们的东西。这是他们的大错误"[②]……另一方面他又说，"在美与丑的结合中，结果总是美得到胜利，由于一种神圣的规律，'自然'常常趋向完美，不断求完美！"[③]"一个规定的线通贯着大宇宙，赋予了一切被创造物。如果他们在这线里面运行着，而自觉着自由自在，那是不会产生任何丑陋的东西来的。"[④]上述这种"化丑为美"要求，常被人们笼而统之地说成是一种艺术的辩证法。

但是，我们必须像分析《浮士德》的两种不同结局一样，对这种"辩证法"进行一点儿清理。

应当承认，有很多近代艺术家还都是由于不可能完全摆脱传统宗教的束缚，而倾向于《浮士德》的第一种形式上的天主教式的结局的。他们的想法还是类似于亚里士多德的那种经由丑这种最不美的美而认识神性的观点。我们

① 《西方文论选》下卷，伍蠡甫主编，上海文艺出版社，1964年，第185页。
② 罗丹：《罗丹艺术论》，北京：人民美术出版社，1978年，第23页。
③ 同上书，第61页。
④ 《罗丹在谈话和札记中》，载《文艺论丛》第10辑，第343页。

仔细品一品上面引证的罗丹的话，就会毫不怀疑这一点。正因为这样，他才会乐观地说，“‘自然’是永远不会丑恶的”。[1]这不是属人的辩证法，而是神的变戏法。

不过，我们也应当看到，亚里士多德的说法，在近代西方早已受到了批评。莱辛曾在《拉奥孔》里写道，形体的丑“看起来不顺眼，违反我们对秩序与和谐的爱好，所以不管我们看到这种丑时它所属的对象是否实在，它都会引起厌恶。……也不能得出结论来，说丑经过艺术摹仿，情况就变得有利了。知识欲的满足所生的快感只是暂时的，对于使知识欲获得满足的那个对象来说，只是偶然的；而由所看到丑所生的那种不快感却是永久的，对于引起不快感的那个对象来说，却是有关本质的。前者如何能抵消后者呢”[2]？的确，只要天地万有失去了它在信仰世界里的神性，只要丑已经被判为也是一种本质而非假象，那么，丑被感知得越多，人们势必就越感到痛苦不安，美的超越地位就势必越岌岌可危。近代人无疑已经认识到了这一点。

正因为这样，我们不难想象，近代艺术史上那一大本的《浮士德》仍然应当有它第二种更深层的结局。

并且，这种结局仍然必须到主体的觉醒和自我激励中去寻找。

作为一个侧面或者缩影，让我们看看“崇高”这个感性学范畴之内涵的历史演变吧。

塔塔科维奇写道：“在18世纪，随着浪漫主义径直将具有吸引力的却是阴森可怖的东西引进了艺术和诗歌，像死寂、阴郁、畏惧、就和崇高一起进入了感性学。”[3]也许正是因此，所以柏克曾经认为，美和崇高“确实是性质

① 罗丹：《罗丹艺术论》，北京：人民美术出版社，1978年，第1页。

② 莱辛：《拉奥孔》，朱光潜译，北京：人民文学出版社，1979年，第135—136页。

③ Tatarkiewicz, *A History Of Six Ideas: an essay in aesthetics*, The Hague; Boston: Nijhoff; Hingham, MA: distribution for the U.S. and Canada, Kluwer Boston, 1980, p172.

十分不同的观念，后者以痛感为基础，而前者以快感为基础”[①]。他认为，凡是能以某种方式适宜于引起痛苦或危险观念的事物，即凡是能以某种方式引起人们恐怖感的，涉及可恐怖的对象的，或是类似恐怖那样发挥作用的事物，都是崇高感的来源。

康德继承了柏克关于崇高感的来源是恐怖的思想。他说，“假使自然应该被我们评判为崇高，那么，它就必须作为激起恐惧的对象被表象着。”[②]但是，基于他伟大的“哥白尼革命”，康德却号召人们以英勇的气概从意志上去压倒感性对象的恐怖——

> 谁害怕着，他就不能对自然的崇高下判断……对于一个叫人认真感到恐怖的东西，是不可能发生快感的。所以从一个重压里解放出来的轻松会是一种愉快……因为固然我们在自然界的不可度量性里，和在我们的能力不足以获得一个对它的领域作审美性的‘大的’估量相适应的尺度中，发现我们的局限性，但是仍然在我们的理性能力里同时见到另一种非感性的尺度，这尺度把那无限自身作为单位来包括在它的下面，对于它，自然界中的一切是渺小的，因此在我们的内心发现一优越性超越那自身在不可度量中的自然界……判定我们不屈属于它，并且有一种对自然的优越性，在这种优越性上面建立着另一种类的自我维护，这种自我维护是和那受着外面的自然界侵袭因而能陷入危险的自我维护是不同的。在这里人类在我们的人格里面不被降低，纵使人将失

① 柏克：《论崇高与美》，载《古典文艺理论译丛》第5辑，古典文艺理论译丛编辑委员会编，人民文学出版社，1963年，第65页。

② 《判断力批判》上卷，宗白华，北京：商务印书馆，1964年，第100页。

> 败在那强力之下。照这样，自然界在我们的审美判断里，不是在它引起我们恐怖的范围内被评为崇高，而是因为它在我们内心里唤起我们的力量……自然界在这里称做崇高，只是因为它提升想象力达到表述那些场合，在那场合里心情能够使自己感觉到它的使命的自身的崇高性超越了自然。①

崇高，就这样被由外转入内，由客体转入主体，由必然转入自由，同时，也由痛感化为快感。如果说，在康德哲学中，“美是道德的象征”，那么，崇高简直就是道德本身，就是人自己！

众所周知，康德本人没有谈过悲剧，但他对近代悲剧精神的影响是巨大而深远的。这原因就在于，康德的崇高概念，事实上是代表着时代精神，对近代人对悲剧的理解进行了高度的概括。

因此，正像我们刚才把丑在近代艺术中的介入比作贝多芬《第五交响乐》中的第一主题铺天盖地般杀来一样，我们也同样可以把近代人对悲剧结局的深湛理解比作这部交响乐最后那个万众欢腾的场面：人们，正是在以自己的顽强意志，去推倒天上和人间的一切巴士底狱，希望凭着一代又一代人的心血，去绘出卢梭的那幅“自由之图”！

① 同上书，第101—102页。

第四章

心灵的自赎：作为“丑学”的埃斯特惕克

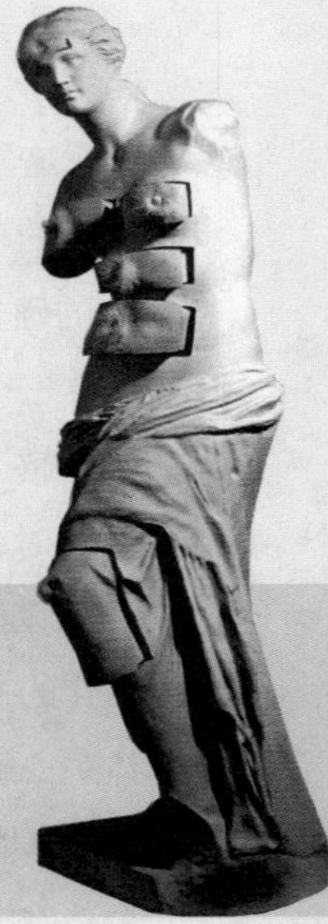
达利:《带抽屉的维纳斯》, 1936

对于莱布尼兹所谓这个世界是一切可能的世界中最完善的世界的说法，罗素曾经给出一种很可怕的批评：

摩尼教徒尽可反唇相讥，说这世界是所有可能的世界里最坏的世界，其中存在的善事反而足以加深种种恶。他尽可说世界是邪恶的造物主创造的，这位造物主容许有自由意志，正是为了确保有罪；自由意志是善的，罪却恶，而罪中的恶又超过自由意志的善。他尽可接着说，这位造物主创造了若干好人，为的是让恶人惩治他们；因为惩治好人罪大恶极，于是这一来世界比本来不存在好人的情况还恶。我这里不是在提倡这种意见，我认为它想入非非；我只是说它并不比莱布尼兹的理论更想入非非。[①]

的确，从理性的角度来说，相对于传统形而上学的“欧几里得几何学”而创立一个反其道行之的“非欧几何学”，并不需要比前者犯更多的认识论上的“超越”错误。

同时，正像马克思所说的那样，创立体系，这是德国思想家们的“原罪”（考虑到西方从古希腊遗传下来的文化基因，我们也完全可以说，这是整个西方文化的“原罪”）。这样，当现实的矛盾冲突使得他们感到无法用一个形而上学体系去解释开所有的恶与丑的时候，他们就有可能去用一种特殊的方法去赎这种“原罪”，把丑恶再提高到超现实的本体高度，以变态的形而上学去论证一个恶本源的上帝（命运女神）。

而从感性的角度来说，西方的心灵也往往易于偏向情感中的一极。他们总是倾向于，在体验了苦辣酸甜种种滋味之后，对世界留下一个总的印象：要么是美的，要么是丑的。所以，当丑在近代感性中突出出来，向美在整个Aesthetics中的称雄地位挑战之后，在斯汤达、巴尔扎克、福楼拜、狄更斯、萨克雷、果戈理、列夫·托尔斯泰等作家以写实的手法揭示了丑在现实中的存在以后，特别是在左拉感受着近代科学的实证精神而倡导以“实验小说”去破除西方文化中种种的价值观念以便“从人生的真源来认识人”之后，西方人头颅下面过去曾经是何等柔软的天鹅绒枕头，竟好像一下子长满了荆刺，这样，也许正因为他们过去在希腊时期做过那么好的美梦，他们眼下就非做噩梦不可。

① 罗素：《西方哲学史》下卷，何兆武、李约瑟译，北京：商务印书馆，1963年，第117页。

从很早开始，犯着“世纪病”的夏多布里昂就说过——“如果你想歌颂现代，你将不得不在作品中避免真情实况，而选择理想的精神的美和理想的物体的美”[①]。他的这种“世纪病”蔓延下来，就使得王尔德不得不一反济慈的乐观说法——“想象是真实的，想象所攫取的美必然是真实的。”——而承认自己的“唯美主义”是“美而不真”。既然美是这般的不真实，到了达利这位超现实主义画家那里，就必然导致他狠一狠心，干脆做一尊《带抽屉的维纳斯》的着色青铜圆雕——抽开美神的玉体，叫大家看看她是这样空空如也！这正中了齐白石老人的两句诗：

将汝突然来打碎，通身何处有心肝？

因此，过去本是青春妙龄的阿芙洛狄忒，就一下子变成了迟暮的美神，即“丑神”。我们很可以说，这位“丑神”的出现，仍然要溯因于希腊文化的影响（尽管是变态的影响）。因为如果不是西方人过去的感性主神如此的“云鬓花颜”，她也就不至于眼下如此伤感地悲叹自己的美发已是“朝如青丝暮成雪”；如果不是她过去曾把一切感性生活都神化为正值一元的，人们也就不至于再造出一位，把一切感性生活都神化为负值一元的“反美神”。

正为我们平时在生活中所看到的那样，一个人带有越多的自以为无所不能的孩子气，他也就更容易在那次碰壁之后万念俱灰。因此，从文化传统的角度来看，悲观主义反理性形而上学体系的出现，作为古代乐观理性主义形而上学体系的双重异变，正是西方性灵的必经的一次自赎。

① 《欧美古典作家论现实主义和浪漫主义》第2辑，中国社会科学院外国文学研究所外国文学研究资料丛刊编辑委员会编，中国社会科学出版社，1981年，第73页。

第一节
叔本华：上帝的弃儿

众所周知，在西方哲学史上，悲观主义的开山，当推意志主义的创始人——叔本华。

为着认清他的思想及其在西方思想沿革中的地位，我们有必要先来探明叔本华哲学体系中的一个逻辑断点。

严格说起来，意志主义并不是叔本华的发明，奥古斯丁在《忏悔录》中，就曾主张过神学上的意志主义。他曾以人的“存在、认识、意志”三位一体做比方，来证明上帝的三位一体，因而，上帝的意志也就成为不朽、不变、不匮的世界本源了。而在另一方面，英国经验主义哲学中，也有某种心理学上的意志主义的端倪，比如休谟就认为，在大力鼓吹意志的情况下，理性是没有地位的；理性是而且只能是激情的奴隶，它除去效忠于激情之外，别无职责。

而叔本华之所以被后人公推为意志主义的鼻祖，那是因为，他将上述两种意志主义以类比的方法强糅

叔本华（1789—1860）

到一起，从而完整地同时也是潜藏危机地构造了一种形而上学的意志主义体系。

叔本华的思路很简单。他先从贝克莱的立场出发，将整个现象界断为表象，然后希望寻找表象背后之更深一层的东西。那么，这种寻找如何成为可能呢？他说，幸而人并非只是一个单纯认识的主体，并非只是一个从外面观察世界的没有肉身的飞行天使，他本已就隶属于这个世界，他自身就植根于这个世界；他一方面是主体，另一方面又是客体。因此，主体对于另一方面又是客体的自身的内部省察，就足以帮助人们了悟其他一切客体的内在本质。这样，让我们反躬自问，我们身体的谜底是什么呢？——“这个谜底叫做意志。这，也唯有这，才给了这主体理解自己这现象的那把钥匙，才分别对它揭露和指出了它的本质，它的作为和行动的意义和内在的动力。”[1]紧接着，叔本华马上就把他所找到的关于人本身的双层知识——“表象其外而意志其内”推广到整个世界，

> 这个信念就会自动的成为他认识整个自然的最内在本质的钥匙，因为他现在可以把这信念也转用到所有那些现象上去了。……唯有这样运用反省思维才使我们不致再停留于现象。才使我们越过现象直达自在之物。现象就叫做表象，再不是别的什么。一切表象，不管是哪一类，一切客体，都是现象。唯有意志是自在之物。(第 164—165 页)

作为对当时理性所陷入的二律背反的逃避，同时也作为黑格尔（叔本华骂他“珈利本”，即丑鬼）违背着辩证理性的基本原则，又把人类现有的有限理性夸大为万应灵丹，从而“合理地”论证了不合理现实的做法的反拨，叔本华所津津乐道的认识方法，不再是经院式的丝丝入扣的演绎，而是更带有浪漫气息的艺术色调极浓的“自动的”“转用”——类比。这是非理性主义者的共同特征。比如后来斯宾格勒曾自觉地反省道：“用来证明死形式的是数学法则，用来领悟活形式的是类比。”[2]正是这种方法论上的迥然有别，才能使我们真正从思路上把捉，为什么意志会在叔本华那里成为世界的本源——上帝。

对于这种非理性的方法，如果不把它吹到极端，那我们很可以将它看作

① 叔本华：《作为意志和表象的世界》，石冲白译，北京：商务印书馆，1982 年，第 151 页，本节中凡注页码者皆同。

② 斯宾格勒：《西方的没落》，齐世荣等译，北京：商务印书馆，1963 年，第 14 页。

是对人类精神潜能的一次有力开拓，对人类理性的一次必要补充。甚至，在人类的理性藉此彻悟到自己的不足，并因此自觉地不再以现有的有限法则去强求思想之划一的意义上（如费耶阿本德新近在《反对方法》一书中提出来的在科学发现中“怎么都行”的观点），我们或者竟可以说，这种非理性的方法本身就是一种更高形态的理性。因此，我们应该承认，叔本华关于“概念近似于镶嵌画中的碎片”的比喻，确实是足以给我们以很大启发的。但是，眼下问题的关键，却在于，叔本华不是仅仅提倡一种非理性的方法，而是极端地宣扬反理性主义；他片面地强调“直观永远是概念可近不可即的极限”，虽是不无道理地看到了人类现有理性的有限性，却又毫无道理地和谢林一样对人类直观的能力和价值进行了神秘主义的超越。

正因为又一次犯下了超越错误，所以叔本华的哲学体系潜藏着一个深刻的逻辑断点：难道一次类比的小小把戏，就果然得以将奥古斯丁笔下的神的意志（必然）和休谟笔下人的意志（自由）像浆糊一样地粘在一起，使它们和平共处相得益彰了吗？

从历史线索上看，叔本华的上述做法可以说是克服康德哲学的一次尝试。康德说过，“有两种东西，我们愈时常、愈反复加以思维，它们就给人心灌注了时时在翻新、有加无已的赞叹和敬畏：头上的星空和内心的道德法则。”①而由于康德本人又是一个有保留的、部分悲观的理性主义者，他并不认为人类的认识可以超出现象界去认识本体，并不认为人们可以为那被假定属于本体界的道德律找到认识上的充足理由。因此，对于传统类型的形而上学深怀留恋的人们，就有可能不满意康德哲学所遗留下来的本体与现象、意志与知识、无限与有限、主体与客体、自由与必然之间的巨大分野。这样，他们就

① 康德：《实践理性批判》，关文运译，北京：商务印书馆，1960年，第164页。

有可能借着康德哲学中善大于真，伦理高于认识，自由优于必然，实践理性先于纯粹理性的倾向，重新去由多向一上升。所以，叔本华把“在我胸中”的意志与“让我上者”的灿烂星空沟通起来并悬浮上去的做法，就和费希特（尽管他被叔本华骂作“气囊”）的抽去物自体一样，都表现了人们从可恶的二元论向神圣的一元论的跳跃。

这种貌似成功的跳跃曾经迷惑了不少人。他们感到对后来叔本华发挥的思想难解其意。罗素说：

> 到此为止，我们也许料想叔本华要把他的宇宙意志和神说成是一个，倡导一种和斯宾诺莎的泛神论学说不无相像的泛神论学说，在这种学说里所谓德性就在于依从神的意志。但是在这里，他的悲观主义导向另一种发展。宇宙意志是邪恶的；意志统统是邪恶的，无论如何也是我们的全部永无止境的苦难的源泉。[1]

朱光潜也曾大惑不解地说：

> 从意志第一性的这种叙述中，人们大概会以为叔本华在牺牲表象，抬高意志。但事实恰恰相反。叔本华的全部学说都围绕一个中心，那就是为了实现纯粹的表象而消灭意志。[2]

叔本华果然贬低乃至否认了意志吗？——是，又不是。兴许，这样来提

① 罗素：《西方哲学史》下卷，何兆武、李约瑟译，北京：商务印书馆，1963年，第306页。

② 朱光潜：《悲剧心理学》，北京：人民文学出版社，1983年，第135页。

问题，本身就太过笼统了。你非这样问不可：究竟叔本华否定了奥古斯丁的意志，还是休谟的意志？

本来，主体／客体，自由／必然，有限／无限，还有比这更大的摆在人们面前的矛盾吗？康德是个老实人，所以他的哲学体系也就老老实实地因包容这个矛盾而留下一条巨大的鸿沟。而叔本华就有点儿要花枪了，所以他的哲学体系也就成了康德哲学的不老实的改制品。他企图拟人化地去在知识领域对整个宇宙进行一次直观上的神秘超越，从而合康德的“二”，为世界意志的“一”。初看起来，你也许会以为这种一元论是天衣无缝了。但这只是皮相之见。由于根本矛盾不可能被一次微不足道的类比消化掉，而在其体系中依然故我，就使得叔本华的思想体系中有一道暗伤，一条潜藏的裂痕。

奥古斯丁的意志和休谟的意志其实并不可能在叔本华的体系中圆通无碍，这只要看看叔本华是怎样对主体意志和客体意志分而论之的，就昭然若揭示了。

叔本华说，对于人来说，有此本质之意志，委实是不堪其苦的一件事。欲求出于缺乏，便是出于痛苦。然而欲望被满足一个，就至少要落空十个；并且这一个满足也是稍纵即逝的，甚至可能是虚假的，因为它马上让位于一个新的欲求，即新的痛苦。由此，他触目惊心地对人们形容说：“欲求的主体就好比躺在伊克希翁的风火轮上，好比永远以妲娜伊德的穿底桶在吸水，好比是水深齐肩而永远喝不到一滴的坦达努斯。”（第 274 页）

可是，对于在叔本华体系顶端（无意间）造好了物的上帝的意志来说，情况则完全不同了。叔本华在这里的确很有点儿《奥义书》那种即我即梵的味道，从世事如幻、浮生若梦出发，转而要求人们向那个最高的所在祈祷。他说，现象只不过是作为自在之物的意志的镜子，（意志的）生命才是世界的本质。所以，作为世界本质的“生命意志不是生灭所得触及的，正如整个自然不因个体的死亡而有所损失是一样的”（第378页）。因此，“就生命意志来说，它确是拿稳了生命的；只要我们充满了生命意志，就无须为我们的生存而担心，即令在看到死亡的时候，也应如此。”（第377页）一个人在面临死时，只要回顾大自然不死的生命，就足以聊可慰藉了。这样，他就又回到了那种反映着希腊心情的古代棺椁上的雕刻中的境界——“那些古代棺椁似乎是以它们那些灼热的生命情景在高声地对伤感的参观者说：‘大自然是哀怨不能入的。’”（第379页）这难道不又是一首对意志的极其虔诚的赞美诗吗？

叔本华这样的对意志一贬一扬，一哭一歌，一怜一乐，一悲一喜，再清楚不过地暴露了他哲学体系的两面性。说穿了：他是把整个世界的矛盾积淀到自己的思想深处来了；他的意志主义一元论的外衣，并不能掩盖整个世界真实的二元区分。

不单如此。当自由与必然，主体与客体在他的体系中不共戴天地搏斗的时候，它们也就一定要逼着叔本华做出非此即彼的抉择。而既然人神不能两全，叔本华就把休谟的意志当作一个牺牲，供奉于奥古斯丁的意志的神坛，从而借对人间的长哭而发出对上苍的浩歌。

叔本华的确很会哭。这充分反映在他的悲剧论中。他说，无论从效果之大或写作之难来看，悲剧都不啻是文艺的极品。为什么要这样说呢？

> 文艺上这种最高成就以表现出人生可怕的一面为目的，是在我们面前演出人类难以形容的痛苦、悲伤，演出邪恶的胜

利，嘲笑着人的偶然性的统治，演出正直、无辜的人们不可挽救的失陷；[而这一切之所以重要]是因为此中有重要的暗示在，即暗示着宇宙的本来性质。(第 350 页)

不——，不要以为叔本华在斗胆渎神。其实，叔本华只把悲剧的原因归咎于主体，归咎于休谟的意志。他认为，悲剧的肇因不外乎三：一是蛇心蝎肠；二是阴错阳差；而比这前二者更可取的是，不幸仅仅由剧中人的地位与关系造成的。为什么这第三种悲剧更重要呢？叔本华回答说，因为它不是将不幸视为例外或异常，而是油然自发的，从人的作为和性格中产生出来的东西。因此它几乎是被当成人的本质上要产的东西，故更可怕。“我们看到最大的痛苦，都是本质上我们自己的命运也可能干出来的行为带来的，所以我们也无须为不公平而抱怨。这样我们就会不寒而栗，觉得自己已到地狱中来了。”(第353页) 由此他断言，悲剧的真正意义在于它是一种深刻的认识，省悟到剧中的主角所赎的不是他个人特有的罪，而是作为生存意志本质上的原罪，宛如加尔台隆所说：

人之大孽
在其有生

叔本华既把悲剧看作是唤起人类原罪感的手段，他也就把它看作是人们同销万古愁的酒盏。我们很容易谁知，他的要求必然是：人类的自暴自弃。他说，人的认识一经由于痛苦而提高和纯化，“前此那么强有力的动机就失去了它的威力，代之而起的是对于这世界的本质有了完整的认识，这个作为意志的清静剂而起作用的认识就带来了清心寡欲，并且还不仅是带来了生命的放弃，直至带来了整个生命意志的放弃。所以我们在悲剧里看到的那些最高尚的[人物]，或是在漫长的斗争和痛苦之后，最后永远放弃了他们前此热烈追求的目的，永远放弃了人生一切的享乐；或是自愿的，乐于为之而放弃这一切。”（第351页）

叔本华的这哭泣，的确是前无古人的。他在为人生而号啕，却并不是像屈子那样去哀吾生之长勤，恐美人之迟暮，——他是道道地地的痛不欲生！

当然，从他体系的逻辑断点，我们可以料想，叔本华虽如此悯人，却未必悲天。从骨子里讲，相反他正是要因知命而乐天。他的涕泗滂沱，只不过是为了一洗神坛的；他只是把悲观当作一种手段，企望假此向乐观上升——化主体为客体，跨有限以登天极。这总算不失为上帝的一个乖孩子。

因而，叔本华对人生的万念俱灰，正好是助他继续驰骋神思的上马石。它刚好在逻辑上保证着叔本华感性学理论中的一个核心概念：自失。

凡自失者，无欲无求，隐机坐忘，仰天而嘘，嗒焉丧耦：“忘记了他的个体，忘记了他的意志，他已仅仅只是作为纯粹的主体，作为客体的镜子而存在；好像仅仅只有对象的存在而没有觉知这对象的人了。”（250页）这就是叔本华笔下的艺术家的形象。

叔本华大概忘了，人并非无血肉之躯的带翼天使，人的根深扎于世界，这都是他哲学体系的前提。他竟然把艺术家拨出地面，让他们成为无所旁待的真人。当然这话也可以反过来说，既然叔本华认为人的本质唯不过是意志，那么，这种无意志的纯粹认识主体，也就成了无本质之人，成了非主体，因而，这种真人确乎又只是假人。对此，叔本华说得很干脆，由于天才的本质就在于进行纯粹观照即当客体镜子的能力，所以天才的性能就不因是别的而是最完美的客观性。“准此，天才的性能就是立于纯粹直观地位的本领，在直观中遗忘自己，而使原来服务于意志的认识现在摆脱这种劳役，即是说完全不在自己的兴趣、意欲和目的上着眼，从而一时完全撤销了自己的人格，以便（在撤销人格后）剩了为认识着的纯粹主体，明亮的世界眼。”（第260页）

世界眼！何其美妙的月桂冠？作为客体的一架绝妙的照相机，艺术家真是天才得可以，竟致于不再是人才，不再长人眼了。

因而，作为彼岸世界的一个忠实的副本，世界眼必是目中无人的。人间的一切哀恸凄楚，也自然要被视而不见了。一方面，就万有一如的角度看，尽管世界意志驱使着表象分合散聚，不停地变幻着人们所看到的皮影戏，然而，“在演出中，推动这一切的是什么，是胡桃或是王冠，就理念自在的本身来说是毫不相干的。”（第256页）而在另一方面，既然丧失主体性的主体对于世界意志的表现只是就它们是赤裸裸的表象而不关涉动机去看，“那么，在欲求的那一条道路上永远寻求而永远不可得的安宁就会在转眼之间自动的光临而我们也就得

到十足的怡悦了。这就是没有痛苦的心境，伊壁鸠鲁誉之为最高的善，为神的心境……”（第274页）。

凄凄切切之性，既已和主体一起他为乌有，世界眼，既果真配上了神的心境，那么，上帝欲美，斯美至矣。

> 既然一方面我们对任何现成事物都可以纯客观地，在一切关系之外加以观察，既然在另一方面意志又在每一事物中显现于客体性的某一级别上，从而该事物就是一个理念的表现；那也就可以说任何一事物都是美的。（第291—292页）

这和黑格尔对美的著名定义——理性的感性显现何其令人惊讶的相似！

叔本华的哲学，就是这样的悲喜交集。

这种哲学，可以说正是那个时代西方社会心理的写照。当西方文明图式的核心“命运女神”——上帝在理性的抵制中烟消云散之后，人们陡然地感到了失重，心被悬起来了。所以严谨如康德，迫于这种失重，尚要假定道德意志与自在之物的联系（当然由于他把理性看作意志主体的“绝对命令”，看作意志的本质，所以我们与其说他是在贬低知识以给信仰留下地盘，不如说他是要贬低知识以给理性和人类自由留下地盘）。那就更不用说其他人了。因此，一方面，叔本华那种“人之大孽，在其有生”的哀鸣，在很大程度上正是反映出了西方心灵因找不到（过去一直有着的）支点而发出的痉挛和颤抖；人对上帝的抛弃，在这里就被体验为上帝对人的抛弃。而在另一方面，出于对上帝的爱情的惯性，上帝对他们的抛弃就加大了西方人原罪的感觉。为了赎这种原罪，他们反而更为虔敬地匍匐在上帝脚下，自觉地体验自己内心的痛苦，无情地贬低自己，压抑自己，希望恰好是在这种痛苦的体验（而不是思考）中得到上帝的宽容。叔本华的对神的意志的赞美也正好反映了这一点。这正像鲁一士所说的："对付叔本华的悲观主义的方法，倒不在于驳斥他的申诉，而在于实际地把握它的真理。倘使你这样做，你会发现作为叔本华的自己的黯谈思想的真正中心和重要点，是一有活力的，甚至是一宗教的保证。"[①]等我们下一节叙述克尔凯戈尔的思想时，我们会发现，这种思想在一个宗教破灭、价值观念动荡的文明中，是有普遍性的。就我们自己所掌握的有限材料来看，人们似乎只把存在主义的思想先驱追溯到叔本华的直接继承人尼采。但是，我们确实有理由补充一句：虽然叔本华还没有把立足点从天上移到人间，从总体移到个体，但他的哲学，仍然预示了早期存在主义哲学发展的某些方向。

叔本华这种悲喜交集的哲学，自然给了后人以"悲者见悲，喜者见喜"的余地。

从他的哲学中见出欢乐者，我们可以举瓦格纳。保罗·亨利·朗格写道，在瓦格纳的歌剧《特里斯坦和伊索尔德》的诗句中，

> 尤其是在说明这些诗句的音乐中，体现着酒神式的"吞噬一切的烈火——死"，体现着在宿愿得偿的烈火中，在"极乐世界"中的个人死亡的"必要条件"。特里斯坦和伊索尔德死了，他们是在死中结合在一起的：
>
> 我们将死去

① 鲁一士：《近代哲学的精神》下册，樊星南译，北京：商务印书馆，1946年，第226页。

永不分离
永远，永远
无穷无止
没有苏醒
无所恐惧
没有名义
在爱的拥抱中
一切给了我们自己
只为了爱我们才生存下去

> 这是毫无死的痕迹的“死的音乐”，因为它实际上是赞美永生的音乐。在这音乐中一切个人的东西都升华到“宇宙呼吸”之中。[①]

我们当可想见，这神秘的世界歌，正是那位把音乐看成是上帝之手在人类自失的心灵中拨出的天国之音，看成是一种曲尽本体奥妙的特殊形而上学的叔本华在领唱的。

但是，悲观主义毕竟是他的哲学更具特色的东西，因而后人往往更注意的他的悲观论——“任何个别人的生活，如果是整个的一般的去看，并且只注重一些最重要的轮廓，那当然总是一个悲剧……那些从未实现的愿望，虚掷了挣扎，如命运毫不容情地践踏了的希望，整个一辈子那些倒霉的错误，加上愈益增高的痛苦和最后的死亡，就经常演出了悲剧。”（第441–442页）罗素写道：“有了他的悲观论，人们就不必要相信一切恶都可以解释并也能致力

① 保罗·亨利·朗格：《十九世纪西方音乐文化史》，张洪岛译，北京：人民音乐出版社，1982年，第191页。

于哲学，这样，他的悲观论当作一种解毒剂是有用的。从科学观点看来，乐观论和悲观论同样都是要不得的；乐观论假定，或者打算证明，宇宙存在是为了让我们高兴，悲观论说是为了惹我们不高兴。从科学上讲，认为宇宙跟我们有前一种关系或后一种关系都没有证据……不过在西方哲学家当中乐观气质一向就普遍得多。所以，有个相反一派的代表人物提出一些本来会被人忽略的问题，了解是有益处。”[②]的确，如果从建立的角度我们不能同意叔本华的悲观主义，那么，从破坏的角度来说，我们就对之必须抱欣赏的态度了。叔本华曾破口大骂乐观主义，说它如果不是那些低陷的天庭中发出的空话，那就是对人类痛苦的缺德的恶毒讽刺。这无疑有助于西方文明进步从内部发生根本性的变革。而正因为这一点，叔本华的哲学，作为西方思想中的一次转折，作为传统乐观理性主义的双重异变，无疑有着重要的历史地位。

② 罗素：《西方哲学史》下卷，何兆武、李约瑟译，北京：商务印书馆，1963年，第310页。

第二节
存在主义：托遗响于悲风

存在主义的确是一种“危机哲学”，因为它从一开始就是被西方社会中普遍的“信仰危机”激发出来的。

用克尔凯戈尔的话说，当时正统的基督教早已死去了，甚至基督也又一次被钉上了十字架。因此，克尔凯戈尔提出，自己的写作目的，就是为当时宗教、神学和哲学的境况提供一付“矫正剂”（Corrective），即独辟蹊径地“为上帝的到来准备地盘”。

由于当时人类的理性已经痛苦地面对了自己的有限性，克尔凯戈尔出于一种信仰上的“先验幻象”，就反对把基督教再像过去那样当作一种可以被理性论证的学说。他嘲笑了关于上帝存在的种种本体论证明——“去证明上帝或最高存在必须至善圆满，又证明存在就是一种至善圆满，因此上帝或最高存在必须存在：思想的这一套把戏是骗人的。”[1]在传

① 克尔凯戈尔：《非科学的最后附言》，第290页。

统信仰的影响下，正像在叔本华那里人对上帝的抛弃被领悟成上帝对人的抛弃一样，在克尔凯戈尔这里，理性对基督教的否定也就演化成了基督教对理性的否定。他认为，基督教“不能为人类的智慧所理解，因为它使人面临一个‘上帝——人’这个荒唐的悖论，而这个‘上帝——人’作为永恒的存在已经进入历史之中。要变成为一个基督徒，就要完全接受基督既是上帝又是人这样一个悖论”[①]。所以，“所有的基督教都植根于矛盾中。在这种意义上，基督教不是要被理解而来到世上，而是要在世上存在，并且激起反应。如果我们把它理性化，就夺走了它向我们挑战的力量。”[②]正因为这样，对于黑格尔强人类理性所难地徒然构筑最终宇宙体系的企图，克尔凯戈尔给以了无情的讽刺。他说，如果世界真像黑格尔所描述的那样是一个体系的话，那首先就会叫上帝来知道这个体系，而不会叫黑格尔知道。黑格尔试图说明世界是一个合理的体系，这不仅是放肆，而且是荒谬，就像一个还未完成而又不是它自身创造出来的图案的一个特殊部分，竟能够知道这个图案完成了的形式是什么样子一样的滑稽。他攻击了黑格尔由于在《精神现象学》最后犯下超越错误而得到的《逻辑学》的起点——纯存在，认为黑格尔式的哲学家们空想一种绝对的开端，就像喜剧中的Trop一样，想象自己考试及格了，就真以为自己及格了。他并且说，如果黑格尔在写完全部《逻辑学》之后，在序言中附注一笔说，这只是一种智力练习，那么他将是迄今为止最伟大的思想家。但他现在却只是一个小丑。

既然传统的以理性论证一个外部大劫的路走不通，具有强烈宗教感的克尔凯戈尔，就希望从相反的方向来给人们的信仰找到支点。他大声呼吁说，“从外部寻找上帝必须转而内在地寻找，因为我们的周围的世界只是有限的事

① 宾克莱：《理想的冲突》，北京：商务印书馆，1983年，第176页。

② Frederick Sontag, *A Kierkegaard Handbook*, Atlanta: John Knox Press, 1979, 第105页。

实，这样就不能接近上帝。”[①]由此，上帝就把自己的家从上界的天宫搬进了人们的心灵小室。

这样，虽说克尔凯戈尔是同样感受到了信仰支点丧失的危机，但他的哲学却与叔本华有了很大的不同。虽然叔本华也跟着贝克莱大唱“世界是我的表象”，但骨子里，他哲学的重心却仍然在外部。然而，克尔凯戈尔，却把这重心真正地移到了内部，移到了一个孤独的个性的主体。也正因为这样，他就不可能将创造的非理性冲动再赋予一个外部的最高意志，而只能把它归咎于个体的热情（在叔本华的哲学中它只有压抑自己的生命冲动以求静观外部的份）。他这样说：“那种紧紧伴随着最热情的内在性的占有过程的不确定的对象就是真理，最高的真理是单个现存的个人才能达到的。”[②]

这种具有强烈冲动的热情而孤独的个人，在克尔凯戈尔的著作中，就被表述为那个被重赋新义的概念——“存在”。这个词的运用，人们常把它归咎于克尔凯戈尔偶尔在听谢林讲课时所借鉴来的。但事实上，这个词义的改造毋宁说是有很大必然性的。自从巴曼尼德斯在由多向一的思辨过程中达到了“存在”这样一个最具有概括意义的哲学术语之后，哲学家们尽管并不满意这个词内容的空泛，却仍然乐于以这个词开始自己的思想体系，以保证自己的包容万有，保证自己一元论的足够丰富。我们都记得，黑格尔的《逻辑学》，正是从这个概念开始的。克尔凯戈尔无疑是承袭了这种做法。只不过，由于大一在他这里业已转变成小一，他就势必要不满意这个词前此的涵义。他批评说，“黑格尔哲学由于没有规定出与现实个人的关系，由于忽视了伦理，因而毁掉了存在。”[③]而从他自己的哲学出发点来说，存在便只能是个人的存在，只能是“在世界上生存”。

① Frederick Sontag, *A kierkegaard Handbook*, Atlanta: John Knox Press, 1979, p60.

② 《非科学的最后附言》，第182页。

③ 同上书，第276页。

而正由于克尔凯戈尔哲学的出发点是一个充满热情冲动的个体，他就赋予了自己的哲学以强劲的张力。他反对以一种“黄昏才起飞”的思辨体系去终结历史，认为我们的理解是向后的，而生活本身则是向前的；因此，你只有靠使用自己的力量才能了解历史，而当你这样去“冒险”的时候，你却已经站到了现实之中。这样，他就痛斥了黑格尔从“存在”（尽管涵义不同）的有变起点推及其体系的不变终点的封闭做法：“体系和终结是相互一致的，但是存在很明显地是终结的对立面。按照一种纯粹抽象的观点来看，体系和存在显然是不可能并在一起的观念。”[①]

正是这种基础上，克尔凯戈尔赋予了作为个体的主体以更大的能动性、更强烈的超越可能，更多的选择自由。

> 克尔凯戈尔强烈地反对黑格尔哲学和抽象哲学，是因为他以为他们的主要范畴是必然性和普遍性，而他要强调可能性和个别性。个别性意味着揭示和发展真实的自我。如果没有开放可能性的自由，个别性就不可能是“个别品”。必然性孕育着一致性。如果对历史过程的必然性的把握可能被打破，那么由个人抉择形成的未来就成为一种可能性。[②]

克尔凯戈尔这种观点值得我们去很好地品味。本来，正如康德在《先验辩证论》中所阐明的那样，绝对的决定论和绝对的非决定论，都没有真正的理性根据。但是，我们又确乎看到，这两种看法在历史上又是相互需要相互补充的。如果说，由于科学主要表现为一种对客体的尊重（尽管它仍有主体欲求的

① 《克尔凯戈尔选集》，第201页。

② Frederick Sontag, *A kierkegaard Handbook*, Atlanta : John Knox Press, 1979, p97.

前提），因此，西方那种追求外在划一性的决定论倾向，曾经滋养了科学的精神，那么，同样由于伦理主要表现为一种对主体自我意识的唤醒（尽管它仍然受外在相对恒常的制约），所以，无所不在的上帝意志却又在此经常闹出天大的笑话。普鲁士的“丘八国王”腓德烈·威廉一世，曾以绞刑威吓大讲决定论的哲学家沃尔夫于四十八小时内离境，因为这个思想家的学说似乎把士兵开小差说成是上帝的旨意。彭斯的讽刺诗《威利长老的祈祷》中，那位好色的牧师也曾把自己道德败坏归罪于上帝插在他身上的一根肉欲的刺……所以，我们看到，在西方的思想中，决定论往往又必须由非决定论来冲淡，因为仿佛只有后者，才能解释主体的自由意志和主动精神，解释个体在自由选择之后如何理应承担自己的历史责任和道德义务。

不过，正像深水的鱼群一旦来到浅水便要感觉不适一样，对于克尔凯戈尔所身处的那个时代来说，陡然失去了被上帝的决定，西方的心灵反而会无所适从。正如萨特所说的，“上帝死了”对人来说绝不是一句廉价的口号，它将使人付出昂贵的代价，使人感到难以忍受的窘迫——孤独感。克尔凯戈尔把这种由于理性在上帝面前的无能所造成的人心的恍有所失，把这种绝望、焦虑和孤独无靠的心境，升华成一种并无具体对象的无名恐惧感——“畏”(Dread)。畏，照他看来，本是人们面向未来否定决定论而得到无限超越可能时产生的一种“自由的晕眩”。这充分反映了主体当它无法用外在的规定性规定自己却又不敢把自身当作历史射线端点时的软弱性。

正因为这样，在克尔凯戈尔那里，这种软弱的主体又一次返回了信仰的支点，希望人能够把自己得到的自由再交还上苍。他把人类对于外在本质，对于上帝的虚无感（即作为畏的三个层次：厌烦、忧虑、失望）再次看作人类的“原罪”，希望建立一种怪诞与荒唐基础上的“先验宗教”。他认为，存在的个人和超越的上帝之间是绝对不连续的，这决定了上帝永远是不可思议的；上帝作为一个绝对的外在只能引起我们的恐惧与绝望，只能引起我们的荒谬感。因此，他认为：“痛苦是个人与上帝关系的主要副产品……认识上帝而不受苦难是不可能的，受苦难来自与上帝的联系。”[①]但是，虽然病态是基督徒的自然状态，克尔凯戈尔却并不要求人们就此跳出这种病态，而是号召他们加重这种病态以当一个孤独的“信仰骑士”，在自己的内心进行“或此或彼”的选择，带着痛苦跳进黑暗的深渊之中，自由地去信仰一种无可信的信仰。“这就是克尔凯戈尔思想的两面性：从这种极端的神秘主义到无神论的界线是看不出来的：当你在绝望中去体验时，无神论是最接近信仰的态度，它已是信仰生活了。反过来，当信仰不再把绝望、怀疑的苦恼带到自身上来时，无神论就不再是信仰了。”[②]

克尔凯戈尔有一句话，对他的哲学的特色进行了高度概括：“基督教就是精神，精神就是内在性，内在性就是主观性。主观性本质上就是激情，而激情达到了高峰就是对一个人的永恒幸福的极其无限的、个人的、强烈的关心。”[③]我们已经说过，同样作为传统乐观理性主义的双重异变，虽说他跟叔本华一样都空前惨淡地肯定了人世间的辛酸悲凉，但他那充满激情的“这个个人”，与叔本华那知命忍从的上帝的羔羊是完全不同的。另外，他也已经完全否定了人类在上帝面前的认识能力（包括那种被叔本华夸大了的直观认识能力），把整个的哲思回归到个体对内心情绪的自省体验。这种新型的以个体为本的本体论，影响了现代西方人本主义的主要发展方向。

有件事情看来似乎有点儿奇怪。为什么西方的哲学家们对什么都敢下手

① Frederick Sontag, *A kierkegaard Handbook*, Atlanta : John Knox Press, 1979, p140

② 加罗蒂：《人的远景》，北京：三联书店，1965年，第58页。

③ 《非科学的最后附言》，第33页。

批判，却往往要敬畏和执迷那个最简单最基本的自然数——“一”呢？在这个本是多元化的世界上，人类本不可能在任何一个有限的发展区间凭自己的哲思去建立一个最终的“统一场论”。人类现有的感性和理性都是有限的，它们充其量只足以把握客体的现存和相对恒常，反思主体的现存和相对理性。可是，真正在西方哲学家的思索中，似乎这种“心物二元论”从来就只能被当作归谬法的逻辑终点。仿佛“二”从来就是罪孽的和亵渎神灵的，而只有“一”才是最虔敬、高尚和圣洁的。洛克有段话说得很深刻：

> 一个懒散顽固的仆役，如果说：不在大天白日，他就不肯用灯光来从事职务，那实在是不能宽恕的。我们心中所燃的蜡烛已经足够明亮可以供我们用了。我们用这盏灯光所得的发现就应该使我们满意。理解底正当用途，只在使我们按照物象适宜于我们才具的那些方式和比例，来研究它们只在使我们根据能了解它们的条件，来研究它们；倘或我们只能得到概然性，而且概然性已经可以来支配我们底利益，则我们便不当专横无度来要求解证，来追寻确实性了。如果我们因为不能遍知一切事物，就不相信一切事物，则我们底作法，正同一个人因为无翼可飞，就不肯用足来走，只是坐以待毙一样，那真太聪明了。[①]

我们很可以说，克尔凯戈尔正是这些“太聪明”（反被聪明误）的哲学家中的一个。由于人类理性已经确知自己不能遍知一切，他马上就反过来绝望地以为人类理性对一切都不可能知晓，只是将自己的哲学龟缩回个人内心的

① 洛克：《人类理解论》，关文运译，北京：商务印书馆，1959年，第4页。

情绪体验之中。这样“或此或彼”的做法，实在有点儿太走极端了。

一方面，从知识的角度讲，这是从一个扭曲的角度反映了人们因受命运女神——上帝观念的影响而对一元本体论的难以自拔的“先验幻象”。而在另一方面，从伦理的角度讲，则是由于丧失了原有的作为基本生活信条基础的客观信仰支点而导致的一种“佛在心中”的内在防线的退守。

这种一元本体论的诱惑，不仅反映在有神论存在主义哲学家克尔凯戈尔那里，也同样反映在无神论存在主义哲学家海德格尔那里。也许，虽然海德格尔并未论证神，可是这并不意味着他不再留恋神，并不意味着他对过去的传统哲学路数不再心往神追。正像他最后对《明镜》记者所讲的那样，之所以不敢侈谈上帝，只不过是因为这个有待思想的伟大东西委实是太伟大了；因而，虽然他以为只有一个上帝还能救渡我们，却又觉得我们并“不能把他想出来。我们至多可以唤醒大家准备期待他。”。

也许正是由于摆脱不了传统，海德格尔就仍然急于从多向一上升。他在《存在与时间》一开头，就借用柏拉图《智者篇》里的一段话，表示出他对过往种种论说“存在”的本体论形而上学的失望——“当你们用‘存在着’这个词的时候，显然你们早就很熟悉这究竟是什么意思，不过我们也曾相信懂得它，但是现在我们却茫然失措了”[①]。然而，这种对于传统形而上学的不满，由于他本身思想路数的传统性，不仅没有使他得以真正去清算过去的一元本体论，反而更激起了他再做冯妇的野心。

《存在与时间》一开始，给了人们一种假象：仿佛海德格尔是从巴曼尼德斯式的包罗万有的存在开始的，因此，似乎他想要论说的，是那种古代形态的“大一”，但这毕竟只是一种假象。海德格尔在极其诘聱晦涩地区分了

① 《存在主义哲学》，中国科学院哲学研究所西方哲学史组编，北京：商务印书馆，1963年，第3页。

“在”（Sein）和“在者”（das Seiende）之后，马上就显示了克尔凯戈尔的孤独个体和他的老师胡塞尔那种“加了括号后的”作为纯粹意识的超验自我的影响，从一个特殊的在者“亲在”（Dasein）即人的存在真正开始了自己的哲学。他说：“希腊本体论所提出的问题必须和任何本体论所提出的问题一样从亲在本身中觅取线索。”[1]所以，说穿了，在上帝死了以后，海德格尔的抱负再大，也充其量只能从“小一”开始，去建立一种人学本体论。

海德格尔说：

> 具有生存方式的存在物，就是人。唯有人存在。高山是有的，但它并不存在。树木是有的，但它并不存在。马是有的，但它并不存在。天使是有的，但它并不存在。上帝是有的，但它也并不存在。“唯有人存在”这个命题，绝不是说：只有人是真正的存在物，而一切其余的存在物不是真正的存在物，只不过是人们的假象或想象而已。“人存在着”这个命题是说：人是那样一种存在物，这种存在物的存在是通过存在的无遮蔽状态的敞开的内在性，从存在出发，从存在之中标志出来的。人的生存本质，是人之所以能想象存在物为一存在物、并能对所想象的东西具有一个意识的根据。[2]

他认为，“亲在”（即人）这个在者，比起其他的一切在者来，处于一种优先地位。首先，“这个在者在它的在中是通过存在来被规定的”，也就是说，当你说人这种存在的时候，并不像说某一具体物件如桌子、房子一样，能够

① 《存在主义哲学》，中国科学院哲学研究所西方哲学史组编，北京：商务印书馆，1963年，第14页。

② 海德格尔：《什么是形而上学·导言》

对他有所规定，因为他总是有可能超越这种规定；所以，你只能说人“存在”着。其次，亲在是根据在它自己身上的它的存在规定性而是‘本体论的’。但是同样原始地属于亲在份内的事情——作为存在的领悟的委托者——是：对一切不是亲在的在者的在的领一会”，也就是说，人无论对内对外都禀有他特殊的意识功能。最后，“亲在的第三层优先地位是作为一切本体论的可能性之在者状态的本体论的条件”，也就是说，以人以外的其他对象为内容的科学，都必须从人的角度找到根基。这样，海德格尔就以他特有的冷僻苦涩的语言，表述了人类如何发挥主动精神既超越自身又向自然立法。

这样，海德格尔就引人注目地把时间引进了对人的分析之中。他的时间，发人深省地从未来开始；我们必须超越自身向更高处寻求，这就意味着我们去寻找将来；因此，我们不是从过去走向将来，而是从将来走向过去，从期待和筹划走向追悔和自责。我们永不满足，永不停驻，时间在我们这里只意味着未来。海德格尔所独出心裁地描述的这种主体时间观念，的确是突出地强调了主体的历史主动进取。

可惜，海德格尔的哲学，有着它先天的不足：它是从克尔凯戈尔的孤独个体出发的。因此，人类的那种不断的向前展望，在这里就不得不被个体所无法逃避的死期切断了。因此，历史在他这里就只意味着个人从出生到死亡的一小段时间。对于死的论说，由此便成了海德格尔哲学最具特色的地方之一。一方面，他惊人地说，由于死总是每一个具体人的死，没有人能代替他去死，谁也不知道别人死时的感觉，所以，死便足以使每一个人领悟他自己本真的存在：“死并不是无差别地‘属于’本己的亲在就定了，死是把此亲在作为个别的东西来要求此亲在。”[①]所以，亲在只有在他运思到死这种他的“绝对不

① 《存在主义哲学》，中国科学院哲学研究所西方哲学史组编，北京：商务印书馆，1963年，第67页。

可能的可能性”、他的“最固有的、无条件的、不可超过的可能性”时，只有在他先行到死这种绝对的虚空寂灭之后，他才可能领悟着死的真谛来为自己的生存作谋划，才获得超越自身的自由。由此，那种不断从将来流向过去的时间向度，由于个体本身在先行到死以后的为死而在。由于人之大限号召人把自己的存在当作不可逃避的责任，就表现为一种不断从虚无化为实有的自由创造。海德格尔的这种说法，无疑有其深刻的一面。的的确确，痛苦地面对自己的有限性，把死亡作为一个不可超越的大限接受下来，这是每一个个体心灵成熟的标志（孩子是不知死为何物的）；而这种对于有限性的确认，也的确可以唤醒人去珍贵、充实和丰富自己的生命，不断地超越自身，去追求永恒的价值。然而在另一方面，很可惜，由于海德格尔的哲学起点只是克尔凯戈尔墓志铭上的“这个个人”，他过人的哲学才华，就由此受到了很大的限制。孤独个体的先天局限，造成了海德格尔时间观念上的绝对断点，这就使得海德格尔的思想缺乏歌德《浮士德》最后一个悲剧中体现出的那种深刻而强大的历史气度。在第三章第四节里，我们曾经接触过这样一个问题——死作为个人的否定是否可能反过来恰恰意味着类的肯定？我们知道，歌德对此是肯定的。马克思对此也是肯定的：“死似乎是类对特定的个人的冷酷无情的胜利，并且似乎是同二者的统一相矛盾的。但是特定的个人不过是一个特定的类的存在物，并且作为这样的存在物是必死的。”[①]由此，我们又可以引出一个问题：死作为个体生命的终结是否可能在整个有价值的人类历史中仍然不终结他的价值？我们很容易推知，歌德和马克思一定会肯定这个问题。很可惜，由于海德格尔的基本本体论只给个体而没有给类留下地位，他就只能否定这些问题。由此，所谓超越，在他这里，就不免演化成了面对死亡的虚空而对自己的盲目筹划，演化成了

① 马克思：《1844年经济学－哲学手稿》，刘丕坤译，北京：人民出版社，1979年，第76页。

一次徒然无功地死而后已地临死前的生的冒险和挣扎。

本来，对于死亡问题的哲思中，一个极其重要的问题便是：究竟你是从生的角度看死还是从死的角度看生，真正具有积极力量的态度是前者。因为只有这样，你才能从作为类的主体的角度把个体的毁灭看作是自己的自我更生，从而也才能从作为个体的主体的角度寻找自己有死生命中不死的东西。当然，主体的这种坚强意志和强大生机，绝不是可以从一个脆弱的“小我”中便可以获得的，它必经在哲思中起升入“大我”的境界。于是，这里就又牵涉到一个理性的问题：虽然人类的理性尚不足以认识无限、穷尽绝对，但它毕竟可以帮助我们认识相对的恒常，毕竟可以支持一个亲在相信如果他有朝一日死了仍然会有和他共在的其他亲在活着。（不然海德格尔何必要求把他的谈话到自己死后再发表？）很可惜，正像在克尔凯戈尔那里理性对基督教的否定转化成了基督教对理性的否定一样，在海德格尔这里，理性对一切的拒绝也仍然演变成了一切对理性的拒绝。正由于这样，他无力的哲思就不足以使他把握类的存在，从而也就不足以帮助他找到人生的真谛。于是，人的自由的超越，便在他的哲学中成为了一种毫无价值的冲动；于是，一个本真的人，便在他的哲学中面对着死的空虚而必须空虚地生，便只有怀着完全的寂灭感来反过来面对人生的无何有之乡；于是，人对生存道路的积极选择就又演变成完全消极的顺从——“当亲在先行着让死在自身中成为有力的时候，亲在就在本已的有限自由之威力中自由地为死而领会自身，以便在向来只‘在’选择之已被选择中的此种有限自由中将听天由命之无力承担到自己本身上来……”①

说海德格尔的哲学完全是一种“死亡哲学”恐怕是有失公正的，——这帽子只配叔本华戴。因为海德格尔本意正是要借死亡归期来唤醒亲在，号召

① 《存在主义哲学》，中国科学院哲学研究所西方哲学史组编，北京：商务印书馆，1963年，第83页。

人以顽强的意志去生。在上帝死了以后，海德格尔给人的不是“灵魂升天”的麻醉药，而是一根长长的针刺；他要激励人们以现实的态度去痛苦地体验人生大限，而不是要欺骗人们以超现实的梦幻去甜腻腻地把人生神化和无限化。但是，我们必须看到，海德格尔的哲学，毕竟是一种蒙上了很重的死的阴影的人生哲学。正由于死亡的无底深渊把存在的时间绝对地无情切断了，所以，人对他去世的无名痛苦体验——“畏”(Angst)，就从未来流到了过去，演变成了人对他在世操持辛劳的无名痛苦体验——“烦”(Sorge)。本来，人生在世，是喜乐并存、哀乐共生的，用萨特的话来说，便是他人不仅是地狱而且又是天堂。可是，由于海德格尔不能用理性去寻找人生的价值所在，只把人生看成一片漆黑，看不到人生无数小写的悲剧有可能积分成为一个大写的正剧，他就只能假胡塞尔的方法再一次描绘一种克尔凯戈尔式的对人生的本体化的一怀愁绪。

如果说，克尔凯戈尔的夸大了的悲观情愫，是反映了西方性灵在失去上帝支点后的茫然迷惘，那么，海德格尔的悲观情愫，也同样是反映了由于不再知道人为什么被“抛进”一个没有可靠理由的世界上所产生的一种孤独无靠之感。他们的头脑中，都同样有着过去的独断信仰毁灭之后所留下的真空，也都同样反映着主体的不够成熟和软弱无力。正由于“弃我去者昨日之日不可留”，而“乱我心者今日之日多烦忧”，他们才对人生有那么多痛苦的体验，也才会去寄苦闷于哀鸣，托遗响于悲风。

这是曾经当过上帝选民的西方心灵的一次必经的自赎。

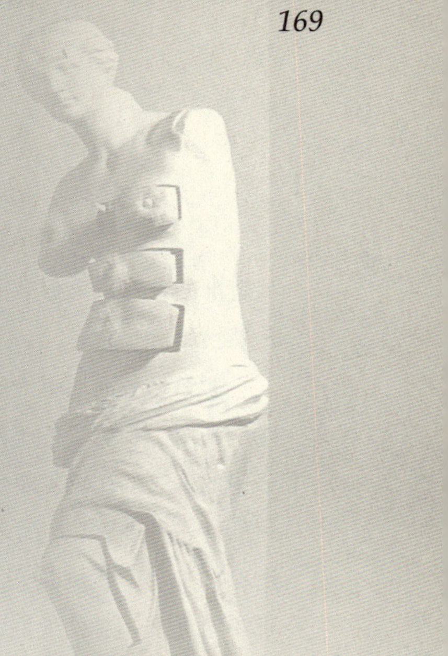

第三节
带抽屉的维纳斯

传统的乐观主义理性，由于它自身的双重异变，已经化为一种悲观的感性情绪了。

让我们随手举几个例子：

孤独，几乎所有的存在主义哲学家都体验到了它。这种孤独，是上帝死了以后他所留在世上的孤儿的感触。在克尔凯戈尔那里，这种孤独，是由于先验宗教的内在性、个别性与情绪性所导致的。由于个人作为一个信仰骑士，只有当他摆脱了无神论的芸芸众生，为他人绝对不可理解地跳入黑暗，维持“对于荒谬的一种荒谬的关系”，才可能单独地与上帝对话，所以，他势必在内心中是与世隔绝的，孤独的——“靠集体的努力去寻求真理总是不可能的，真理只是产生在单个人的孤独之中”；“探索真理的道路是一条孤独的道路，但这是唯一的道路。”[①]而在萨特那里，这种孤独，则是由于上帝不存在，由于人们不可能在天国里为自己的行为找到有

① Frederick Sontag, *A Kierkegaard Handbook* , Atlanta : John Knox Press, 1979, p143.

放皆准的普遍价值标准而产生的一种孤零零的被暴露于一个荒诞的世界后的茫然情绪。

畏。这种面对虚无的无名恐惧感，在存在主义哲学家那里，仍然被体验为一种由于丧失了传统教义所宣扬的客观准则而在内心深处萌发的一种如坠云中的悲哀。在克尔凯戈尔那里，畏被说成是一种自由的晕眩，一种自由的可能性，一种个人在尚未来到上帝怀抱之前的朦胧灰暗的“原罪感”。而在海德格尔那里，畏则是亲在在先行到死之后俯身下望那绝对不可能的可能性、那绝对无法超越的无底深渊时，所产生的一种焦虑。

烦。这种对人生在世的模模糊糊的苦闷感、在海德格尔那里又被具体分为烦心（Besorge）和麻烦（Fürsorge）两种，前者被说成是与在手边的东西即身外之物打交道时的体验，后者被说成是与共同在世的其他亲在打交道时的体验。然而，不管怎么说，人活着，总是一个烦——“如果共同亲在对在世仍然起存在状态的构成作用的话，那么共同亲在也须从烦的现象来说明，正如环顾四周的和和世中的在手边的东西打交道也须从烦的现象来说明一样。”①

我们还可以举出克尔凯戈尔的“冷嘲”、“绝望”、“颤栗”，举出海德格尔的“怕”，举出萨特的“恶心”来。理性与感性本来就是相对待而言的。所以，在西方的性灵中，理性的沦丧就使它在很大程度上变成了感性；——当然，和古希腊的感性比较起来，这唯不过是一种负值的反感性而已。

这种对世界本质的一片灰暗的感受，就使得西方人对“异化”的感受发生了很大变化。本来，对于作为西方文明图式核心的一片光明的思想体系来说，“异化”的想法从来就是一个必不可少的环节和补充。对于一个光明与阴

① 《存在主义哲学》，中国科学院哲学研究所西方哲学史组编，北京：商务印书馆，1963年，第30页。

影同在，善良与罪恶并存，美丽与丑陋共生的世界，“异化”首先意味着一个逻辑在前的无限美好的故土，意味着人的好端端的由之化出的根本。这在基督教那里便是“伊甸园”，在黑格尔那里便是还没有外化为自然的绝对精神。同时，“异化”又必然意味着此后的再“同化”即“复归”：人类再回到自己灵魂的家园，重新升入一个因不食人间烟火所以也不再拉屎撒尿的天堂。这在基督教那里，便是“灵魂得救升天”，拿到了进入天国的入场券，便是经最终审判后的“千年王国”，便是“千年致福说”，在黑格尔那里，便是一切矛盾冲突得以消弭融合的无差别境界，便是绝对精神得以最终认识自身的他自己的精神哲学。

因此，在传统的思想境界里，“异化”说法的存在，对被逐出“乐园”的体认，就其真正的内涵来说，凭着这向后的回顾和向前的展望，就绝不在于对生活的申诉，而在于对生活的含着泪的歌颂和肯定。可是，随着上帝的死去，人成为了一个“前不见古人，后不见来者”的孤独者，他们对于“异化”现实的感受就截然不同了。因为斩断了与上帝的血缘而使他们无家可归，而使他们孤零零地被抛于世，他们就愤然感到了世上的一切东西与他们的无法沟通的距离，感到了万事万物的疏远与外在。人既不知道他从何处来，也不知他该到何处去。于是“异化”这个字眼儿，就只有现实的意义，就只意味着不可消除的异在，就从对天界的讴歌转变成了对人间的挖苦和否决，被用来叙述各种各样的间距，各种各样的隔膜、冷寂、孤独和愤世嫉俗。

应该声明一句，我个人曾经为“异化”这个字眼儿伤了无数的脑筋，也曾经试图用理性去笨拙地论证它，可是，随着研究的深入，我越来越倾向于认为，虽然这个词被不同的哲学家给披上了种种不同的思辨外套，可是它的真正根据却并不在理性，而在于情感。它是传统形而上学中一个未经理性清洗的术语。它是西方人在美梦惊醒后带着朦胧的睡眼去看一个矛盾丛生的世界时所得到的一种特定痛苦感受。

正因为这样，我宁可在叙述西方感性心理异变的时候才来稍稍讨论一下这个词，用它来概括一下在现代西方的特定感觉视野中的被打上了特殊情绪印迹的世界。不管“异化”这词有没有理性根据，它总是被西方的现代艺术家拿来当成一个社会批判的武器，被广泛套用地来表达人们种种的不自由感受。正如伊哈布·哈桑所写道的：“当代文学的绝大部分是在异化的红字标题之下产生的，当然是指从统治地位的文化中异化出来，有时候也指从自我和从自然异化出来。小说的主人公是一个局外人，因为他生活的真实状况和他的思想意识的真实状况需要他与一切疏远。”[①]袁可嘉也对此写道：“现代派在思想内容方面的典型特征是它在四种基本关系上所表现出来的全面的扭曲和严重的异化；在人与人，人与社会、人与自然（包括大自然、人性和物质世界）和人与自我四种关系上的尖锐矛盾和畸形脱节，以及由之产生的精神创伤和变态心理、悲观绝望的情绪和虚无主义的思想。”[②]一句话：异化——这就是现代西方感性中的主要内容。

也正因为这样，感性主神阿芙洛狄忒也要“异化”一下了。

悲观主义的思想家们，曾经自觉地对过去把感性学当成美学的传统习惯进行对抗。

克尔凯戈尔把传统意义上的美学生活，贬低为人生的一种最低级的生活阶段。在这个阶段中，个人或是耽于感官快乐，成为欲望的奴隶；或是迷于

① 伊哈布·哈桑：《当代美国文学》，陆凡译，济南：山东人民出版社，1982年，第89页。

② 《外国现代派作品选》第1册上卷，袁可嘉、董衡巽、郑克鲁选编，上海文艺出版社，1980版，第69页。

萨特和波伏瓦

理智的浪漫飞翔，把镜花水月般的审美表象和逻辑体系误判为实有，甘为诗意的虚假生活所迷惑。然而，望梅终究止不了渴：即便“诗人作为一个作家，可凭他的美学天赋把内心的痛苦转变为快乐的形式，但作为一个人，苦痛却总在他心中”[①]。

而据西蒙娜·波伏瓦所说，萨特更是很早就自觉地要来建立一种对抗美学：

> 我二十一岁认识萨特时，刚通过教师学衔会考，而他也毕业于高等师范学院，正是那时他产生了那个了不起的想法：对抗美学。“世界败坏，致使我同他针锋相对，这倒不错，这是

① Frederick Sontag, *A Kierkegaard Handbook*, Atlanta : John Knox Press, 1979, p 14.

我的天职。我的天职就是做一个我讨厌的世界的反对派，这个世界同我格格不入。而且，只有如此我才能写作，活动，当一个哲学家，当一个作家。”他认为在一个一切都称心如意的世界里，就不会再有他的位置。①

这种“对抗美学”，可以说已经是一种反美学了。

从前边对Aesthetics为什么是美学的追问中，我们已经发现，“美学”这个词高度地概说了西方文明传统中的那种由理性乐观论所派生的乐观感性论。因此，我们也就同时在逻辑上发现了，本来在西方人那里就还存在着另外一种相反的可能：如果雄霸了欧洲几千年的“一种最深刻的希腊信仰”（罗素语）一旦破灭，如果人们对整个世界的乐观看法发生了根本性逆转，如果美在西方人的感性之中本已荡然无存了，那么，代之而起的，与Aesthetics相连的核心范畴，就有可能转化成为美的反范畴——丑了。那时，感性学就不再是一门专门研究美的学科，而是专门研究丑的学科了。

而我们看到，现在这里已经不仅仅是存在一种理论上的可能性的问题了。因为事实上，当代西方的思想家，已经意识到了他们必须自觉地去建立一门反美学。当然，对西方人来说，他们并不存在翻译上的问题。尽管其内涵已经发生了一百八十度的转换，从字面上看，Aesthetics还是Aesthetics。可是，无论如何，我们用现代汉语中的“美学”一词，去反映西方人对自己感性的体验，总是不再着边际的了。于是，且问，如果假中江兆民以天年至今，他应该如何重新组合两个汉字来反映Aesthetics这个西语在当代西方的实际含义呢？

① 《西蒙娜·波伏瓦谈萨特和（奇怪战争的笔录）》，载［法］《新观察家》，1983年3月第959号。

——丑学！一定是丑学！（相应地有一个日文的专有名词与之对应）

是的，只有丑学这个词，才能帮助我们去概括从理性中“异化”来的一系列被突出地固定出来的感性范畴——孤独、畏、烦、冷嘲、颤栗、绝望、怕、恶心……

只有丑学这个词，才能帮助我们去概括被感受为“异化”的种种异在（包括人与人、人与自然、人与社会、人与自我）——疏远、间隔、荒诞、冷寂、孤独……

同时，也只有丑学这个词，才能帮助我们去理解现代西方的“反艺术”。我们可以把传统美学意义上的艺术作品，统称为美艺术。同样，我们也可以把在丑学思潮中产生的反艺术作品，统称为丑艺术——在上帝死了以后，面对古希腊美的宗教所展示给人们的宗教的美，面对古代的化入信仰极境的艺术，现代西方的艺术家们，只能痛苦地发现，自己的审美力比起前人来说竟是先天不足的，衰弱的，迟钝的。西德《明镜》杂志的记者在与海德格尔的谈话中就这么说；“艺术家可以觉得东西美，而且他可以说：是呀，如果人是生活在六百年前就能画出来了，或者在三百年前或者哪怕三十年前。但是他现在却画不出来了。即使他想画，他就画不出。于是最伟大的艺术家就要算有天才的伪造家汉斯贩斗梅格伦了，他还能画得比其他的人‘更好’呢……”[1]既然古代艺术美得不可企及，既然自己的审美力是无可挽回地衰退了，那么现代艺术家们，也就会产生一种逆反心理：在这个被他们认为是颠倒了的世界上，把自己的艺术注意力也颠倒一下，反古典之道而行，怀着悲愤的心情去努力发展自己的审丑力。他们要借着这种审丑力，把所体验到的被认为是本质意义的丑在诗行、画布、乐谱、舞台……上突出地反映出来，从而创造出一种完

① 《外国哲学资料》第五辑，北京大学外国哲学研究所编译，北京：商务印书馆，1976年，第188页。

全不同于传统诗情、画意、乐思、剧情……的丑诗意、丑绘画、丑音乐、丑戏剧……总而言之：丑艺术！

所以，对于丑艺术家来说，最美的艺术绝不等于最好的艺术。正像以前只有审美力超群才能成为艺术大师一样，现代西方的艺术才情，也恰恰表现在敏锐的审丑力上。他们绝不愿意被囿于（鲁迅所概括的那个）“美的圈”，而偏偏要把注意力集中在传统以为不可以表现的鼻涕、大便、癞头疮、毛毛虫上；而且谁对之以崭新的创造性手法表现得淋漓尽致，谁似乎就更容易赢得名声。这样，如果我们不把根本立足点从美学转移到丑学上来，我们就根本无法有效地识悟这种丑艺术的匠心，就根本无从下手去令人信服地评判它的得失。

在本书一开头，曾经提到过，“丑学”这样一个晚出的概念，有着历史积淀于其中的丰富的内涵。现在，我们很可以说，这个词在很大程度上，是对迄今为止西方感性心理发展的总结。

也许，达利这个超越现实主义艺术家，在这一点上，却是十分现实的：他那尊《带抽屉的维纳斯》，再清楚不过地象征了西方人如何因将美神化的失败而（作为一次心灵自赎）再度将丑泛化的演变过程。

第四节
丑恶之花

我们来鸟瞰一下丑艺术的主潮吧。

思考这个问题的难点首先在于：由于艺术发展本身的犬牙交错，我们很难从时间上划定传统美艺术与丑艺术的绝对界限。

究竟谁是丑艺术的开山老祖呢？

夏多布里昂说过他要去追求“理想美”。可是，他的小说《勒内》的主人公，就是文学史上著名的忧郁、孤独、厌世的“世纪病”患者。他甚至说过：“唉！我孤零零、孤零零，活在人间！……对于生活我重又感到恶心……”这种“恶心”的情绪与萨特后来的著名小说有多大区别呢？夏多布里昂对人生的哀叹，的确与存在主义思想家十分相似：

> 在宇宙中，一切都是隐藏着的，一切都是未知的。人本身不正是一个不可解释的神秘

事物吗？我们称之为存在的那一道闪光从何而来？它又在怎样的黑夜里殒灭？上帝把生和死以两个蒙着面纱的幽灵的形式出现，安置在我们生命的两端：一个产生我们生命中那个不可理解的瞬间，另一个急于来把它吞噬掉。[①]

奥·史雷格尔说过，艺术“不得不产生出美来”，而“批评就是评断美的艺术品的技巧”。

可是，他在《论戏剧艺术和文学》中对人生无限的感伤，又与海德格尔何等相似：

我们所做的事、所获得的成就都是暂时的，终归化为乌有。死亡在背后处处窥伺着，我们所过的每一片刻，不管过得好或坏，都使我们越来越靠近死亡；即使是一个非常幸运的人，乐享天年，毕生没有遭遇过重大的灾难，然而他转眼不得不离开世界上对他具有价值的一切，或者也可以说，他不得不被这一切所离弃。没有一种恩爱的联系不分散，没有一种享乐无失去之忧。可是当我们纵观我们的生存关系直到可能的极限时，当我们默想我们的生存完全依赖于种种不可见的因果的连结时，我们是多么软弱无能，要跟巨大的自然力及互相冲突的欲望作斗争，好像一出世就注定要遭到触礁之难，被抛到陌生世界的海岸上去……

① 《欧美古典作家论现实主义和浪漫主义》第2辑，中国社会科学院外国文学研究所外国文学研究资料丛刊编辑委员会编，北京：中国社会科学出版社，1981年，第68—69页，着重号为引者所加。

戈雅：《裸体的玛哈》，油画，1800。

戈雅创作了可以与任何作为“美术”的油画比美的人物形象，如《裸体的玛哈》、《波赛尔像》、《安娜·彭泰霍斯肖像》，等等。可是，他的那些铜版狂想曲，即使是对现代惯于弄“丑术”的艺术家来说，也还是相当辣的。里昂·孚希特万格的小说《戈雅》，曾经绘声绘色地描述过当时人们看到这些画时的感受——

大家传看着这些画，在这间静室里登时就充满了这些似人非人的东西和怪物、像兽又像恶魔的东西，形成了一片光怪陆离的景象。朋友们观看着，他们看到这些五光十色的形象尽管有它们的假面具，可是通过这些假面具可以看到比有血有肉的

> 人更加真实的面孔。这些人是他们认识的，可是现在这些人的外衣却毫不留情地被揭掉了，他们披上了另一种非常难看的外衣。这些画片中的形状可笑而又十分可怕的恶魔，尽是些奇形怪状的怪物，这些东西虽然是难以理解的，却很使他们受到威胁，打动了他们的心弦，使他们感到阴森凄凉和莫名其妙但又足以深思，使他们感到下贱、阴险、仿佛很虔敬但又显得那么放肆，感到愉快天真但又显得那么无耻。

正因为这样，西多罗夫说过，戈雅的“《狂想曲》充满了失望情绪，充满了19世纪的悲观主义的，甚至是绝望的交响乐”[①]。

再说陀思妥也夫斯基。苏联学者对存在主义者对这位作家的“歪曲”大表不满，说尽管陀思妥也夫斯基的《死屋手记》涂上了悲剧的色调，但是“同时在那暗无天日的和充满绝望的世界里，作家不但揭示了生气勃勃的人的感情的闪光，而且还揭示了没有受到恶的有害影响的人民当中那些内心完美而有趣的人们的感情的闪光”[②]。然而，你只要读一读陀思妥也夫斯基本人在《死屋手记》里的茫然发问，就会明白那一丁点儿美在强大的丑恶面前是何等可怜了——有多少青春被白白地埋葬在这堵狱墙之下了，有多少伟大的力量被白白地毁灭在这里了呵！应该把一切实话都说出来：这些人都是一些不平凡的人，他们也许是我国人民中最有才华，最强有力的人。然而，他们那强大的力量却白白地被毁灭掉了，被疯狂地、非法地、无可挽回地毁灭掉了。这是谁的过错呢？这究竟是谁之罪？也许正因为这样，才导致了一个故事：据

① 转引自伊·叶列娜：《戈雅评传》，北京：人民美术出版社，1983年，第331页。

② 赫拉普钦科：《作家的创作个性和文学的发展》，上海人民出版社编译室译，上海人民出版社，1977年，第444页。

说，在一次大战前不久，奥地利的著名作家斯蒂芬·茨威格和宗教哲学家马丁·布贝尔，曾就一百年之后19世纪中的哪位作家仍然是人类思想的领袖这个问题争论了一个通宵。结果，第二天早晨，在划去了尼采、托尔斯泰、雨果、左拉等等的名单中，就只剩下了两个人：克尔凯戈尔和陀思妥也夫斯基。这个故事深刻地预示了陀思妥也夫斯基的影响是什么样的性质的。正因此，西方一直公认他是存在主义的先驱者之一。美国的《哲学百科全书》上就这样写道：

> 作为存在主义的一名先驱，人们经常逐字逐句地引用陀思妥也夫斯基的话语。因为在他对唯理人道主义的幻灭中，强调了宇宙的不可预测的性质；另一方面也因为他的个人，纯粹是出于偶然性才碰到一起来的。在事物之间所建立起来的任何联系中随时都有可能遭到毁灭。规律是宇宙（特别是社会宇宙）戴上的一个骗人的假面具。个人所遇到的宇宙乃是不合理计划的宇宙……①

这种悲观心理也多多少少地体现于或许本意还是想要来“补天”的作家的作品中——福楼拜的《包法利夫人》、屠格涅夫的《罗亭》、法朗士的《企鹅岛》、哈代的《德伯家的苔丝》、易卜生的《建筑师》……

正因为我们找不到从乐观感性向悲观感性转变的时间上的划然临界点，所以我们也必须反对时下那种以一种沿袭来的模糊时间概念——“现代派”，来概括一种悲观虚无的艺术思潮的缺乏分析的做法。的确，正像美是古希腊

① 《近现代西方主要哲学流派资料》，《哲学译丛》编辑部编，北京：商务印书馆，1981年，第208—207页。

艺术的主导因素一样，丑也代表着现代西方艺术的主潮。但是，美和丑往往只是在进行科学抽象时才显得那样纯粹和壁垒分明，而在艺术作品中，却往往会显得难解难分。这就导致：一方面，如果我们像过往的某些艺术批评家们那样，把现代艺术只归咎于“实验”，单单注意现代艺术家们在形式和手法上的革新和独创，而没有觉察到这种手法的变化大都是丑在作祟，那我们就不可能真正找到艺术表象何以变得像癌症的病理切片一样的深刻原因，只是关注了一大堆表面上的现象的排列。而在另一方面，如果将众态纷呈的现代西方艺术一概归咎于“异化”，统统说成是一种丑艺术，那又嫌太过简单。如果这样，我们就不好解释梅特林克的《青鸟》、勃洛克的《十二个》和马雅可夫斯基的诗等等了。西德学者C.基耶里诺认为，“表现主义具有悲剧色彩，而未来主义艺术则具有天真的乐观主义”[①]，——可惜他这么一概而论表现主义似乎又忘了布莱希特——说明对“现代派”艺术还大有分析的余地。

事实上，正像歌德所说的那样——“要想逃避这个世界，没有比艺术更可靠的途径；要想同世界结合，也没有比艺术更可靠的途径。”马尔库塞曾经讲过一种与“反抗艺术”相反的宁要一个不实在的世界，而不要这个现存的世界的艺术倾向。在这种艺术里，艺术家力图在自己的范围内保存最后的自由，建立一个幻想的世界，它好像是解决了冲突，尽管实际矛盾依然故我——“这是一个美的、自我满足的王国，一个美的、和谐的世界，可怜的现实就让位给了这个世界。”[②]正因为这样，在现代西方的“异化”现实中，我们就又看到了另一种特殊的“异化”现象——有许多现代艺术家们因“不忍”而被“异化”进了一个自由的王国。当然，这并不是说他们的艺术表象真正可能像古希腊那样美，他们毋宁说是大量利用了丑艺术的特有手法的。可是，由于

① 《国外社会科学著作提要》，中国社会科学院情报研究所编，北京：中国社会科学出版社，1980年，第5期，第161页。

② 马尔库塞：《工业社会和新左派》，任立编译，北京：商务印书馆，1982年，第152页。

他们仍然企望用这种“异化”了的艺术形式来苦苦追求传统的诗情画意，打算在幻想的世界中缔造出一种新的甚至更高的美，所以，他们的作品相对来说就显得更和谐一些，更暖一些，更安宁一些。而且，这种半真半假的“美”也在西方现代社会里被人们半信半疑地接受了下来。比如马蒂斯，人们就常常称道他的所谓“装饰美”，因为他希望用变态夸诞的画风去再造一个现代的“安乐椅艺术”：“我所梦想的是一种艺术，充满着平衡、纯洁、静穆，没有令人不安的，引人注意的题材。一种艺术，对每个精神劳动者，像对于艺术家，是一平息的手段，一精神的慰藉手段。熨平他的心灵；对于他，意味着从日常辛劳和他的工作里获得宁息。”[①]正因为这样，阿拉贡才会说他赠给悲惨世界的痛苦人们的礼物是乐观。也正因为这样，尽管丑艺术代表了现代艺术的主潮，但是，所谓“现代派艺术”的外延显然大于丑艺术的外延。

波德莱尔（1821—1867）

因此，为了保险起见，也许我们只能这样说，美艺术和丑艺术既然有这样一个广大的中间地带，所以，我们只能将对丑艺术的自觉程度来作为一个把握丑艺术家纯粹程度的圭臬。这也就是说，谁发展自己的审丑力更自觉，谁就更是一个丑艺术家。

正是在这个意义上，我们可以说，写下了《恶之花》的波德莱尔，有资格来做

② 《欧洲现代派画论选》，瓦尔特·赫斯编著，宗白华译，北京：人民美术出版社，1980年，第56—57页。

丑艺术的真正宗师。

波德莱尔的年代，正是浪漫主义运动盛极而衰的时候。也许，从表面上看，他还并未与那种飞蛾扑火般狂热地追求美的思潮脱尽干系，因为他似乎并不认为艺术中的浪漫派已经完全背时，而只认为它需要加以修正——“他们从外在寻找浪漫主义而只有在内在中才可能发现它。”（好一个文学中的克尔凯戈尔呵！）

然而，我们来看看，究竟波德莱尔在他的心灵深处发现了什么呢？他这样写道——

> 我的灵魂，像没有桅杆的破船，
> 在丑恶天涯的海上飘荡颠簸！

这难道是本来意义上的浪漫派吗？——波德莱尔自有他的回答：

> 无论你属于哪一派，无论你有何偏见，你不可能在看到这么众多贫病的人为了制造出精致的产品，呼吸着车间的尘土和棉花毛，受着水银的毒害而无动于衷的。他们居住在满是蚤虱的穷街陋巷，最谦卑伟大的美德和最凶残的罪犯杂居一室。[①]

对于社会的阴暗的否定面的关注，就这样造成了波德莱尔的心病，使得这位“有疾”的“藐子”（Muse，缪斯），不由写下了“赤鬼兰妖精，／手执髓髅瓶。／欺汝使战栗，／欺汝使有情。／梦魔逞淫威，／处汝灭顶刑”（《恶

① 转引自王力译：《恶之花·序言》，北京：外国文学出版社，1980版。

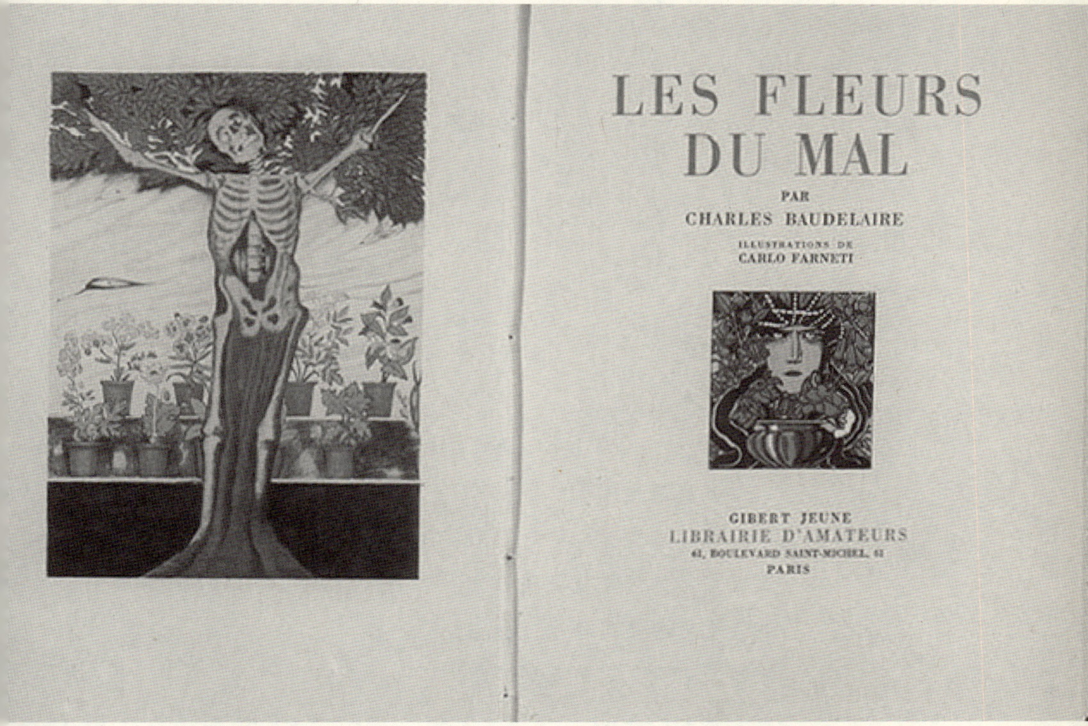

法文版《恶之花》书影

之花·薨之有疾》)的哀叹，从而冲破了浪漫主义流派的局限，开了丑艺术的先河。

他的诗集的名字的确是很贴切的。如果把传统艺术比做一朵美艳的花，那么，丑艺术就果真是一朵丑恶之花，一朵令人惨不忍睹的罪花：

皮肤热似焚，
浑身流汁毒。
坦腹卧泰然，
朝天翘双足。

有如淫贱妇，
放浪不检束。

——《恶之花·死兽》

希望加明烛，
照耀逆旅客。
魔鬼来吹之，
全室变阴黑。
无月亦无光，
凄然度永夕。

——《恶之花·不可治》

我那么多情地爱着沙漠和海；
我在哀悼中欢笑，欢庆中泪湿，
又在最苦的酒里找到美味来；
我惯常把事实当作虚谎玄空，
眼睛望着天，我坠落到窟窿里。
声音却安慰我说："保留你的梦：
哲人还没有狂人那样美丽！"

——《恶之花·第76》[①]

美丽吗？这是一种什么样的"美丽"哟！

波德莱尔的"美的定义"是：一、"忧郁才可以说是美的最光辉的伴侣"；二、"最完美的雄伟美是撒旦——弥尔顿的撒旦"。这也确实是如他所说的，

① 《戴望舒译诗集》，戴望舒译，长沙：湖南人民出版社，1983年，第151页。

“从恶中发掘美”了。其实，把这种对于社会病态的病态描绘说成美，还不如干脆说它是丑，——是取代了Aesthetics中美的主导地位的主导性的丑。

程抱一的《论波德莱尔》有一段文字说得很透：“颓废派诗人，这是人们很快就给他们加上的帽子，吸毒，饮酒，追求肉欲，梦幻死亡，这些都是无可否认的细节。可是在那背后，你可以感到凛然不可犯的决心：拒绝把生活空虚地理想化，拒绝浮面的欢娱与自足。他要返回存在的本质层次，以艺术家的身份去面对真正的命运。如果生命是包孕了那样多大伤痛、大恐惧、大欲望，那么，以强力挖掘进去，看个底细，尝个透彻。所以待到了他手里，不再是浪漫式的幻想和怨叹，而是要把至深的经历、战栗、悔恨、共鸣，用凝聚的方式再造出来。”①艺术家们毕竟是要忠实于自己的感受的。既然他们已经感受到了这个世界的“荒诞”，感受到了“异化”的现象，他们势必不能再“唯美”下去，而要自觉地凭艺术家的良心到另外的地方去求索。

这是一个何等畸变的魂灵，一声何等悲惨的喊叫，一场何等绝望的求索啊！在波德莱尔笔下，时间在噬咬着心灵（《敌人》），国度比极地还要荒芜（《来自深处的呼喊》），春天失去了芳香（《虚无的滋味》），美像一个石头的梦（《献给美的颂歌》）。他求助于烟，求救于酒，求告于上帝，都不得在虚无中挣脱，都无法一销万古愁；而要摆脱这“永恒罪孽的令人厌倦的景色”，看起来只有一条路——

> 沉入渊底，地狱天堂又有什么关系，
> 到未知世界里去发现新天地！

① 《外国文学研究》，1980年第1期，第59页。

卡夫卡(188—1924)

的确，《恶之花》的作者，本身就是一个很好的艺术典型，一个被彻底“异化”了的大写的我。他用自己颤栗的心灵，用自己独创的丑诗歌的奇特艺术表象，“给法国文学带来了新的颤栗”(雨果语)，给整个的艺术史带来了新的颤栗。

让我们再来看一位丑小说的鼻祖——卡夫卡。

不错，卡夫卡说过，“人是不能没有一种深怀不灭的对某种事物的永恒的信念而活着的”，正因此，加缪甚至说，在卡夫卡的作品中，除了希望还是希望。但是，卡夫卡的希望得到了什么样的结果呢？还是来听听他自己在《乡村婚事》里的一段自白吧——“目的虽有，却无路可循；我们称作路的东西，不过是彷徨而已”！因此，“根据卡夫卡的说法，人们正向世界的尽头发动一场冲击。但这里主动正变成被动，还不如说我们正遭受一场冲击。”[1]

在古·雅诺什的《与卡夫卡的谈话》中，卡夫卡甚至对这个世界的任何救赎行动本身都表示怀疑，对一切社会变革都通表失望：“每次真正的革命运动，最后都会出现拿破仑……，洪水愈泛滥，水流就愈慢、愈深。革命的浪头过去了，留下的就是新的官僚制度的淤泥了。”

既然在卡夫卡的心目中，相对于他所谓永恒信念或目的的，只是现实之不可救药的堕落，那么，他也就只能着力去描写失去目的并涉入死亡的人的命运。他寓深思于幻觉之中，寓严峻于荒诞之中，用他独创的奇特的反艺术的丑表象，触目惊心地描绘了“异化”的政治、家庭和人本身，描绘了整个人间的在他看来是无可美化的丑。

他对“异化”政治的刻画，突出地反映在《城堡》和《审判》这两部长篇小说中。《城堡》的主人公K，为了一个显然是太简单的正当理由要进入城堡。可是，他竟受到了无穷的阻挠，陷入了一场永无休止的纠纷之中。象征着官僚机构的城堡，本来就在不远的山岗上。可是它却可望而不可及，像古埃及的狮身人面像一样冷峻威严、神秘莫测……

《审判》的主人公K，突然遭到秘密法院的逮捕，虽说这种逮捕并不干涉他的行动自由，而且K的罪名也始终未公布，可是，在K的心中却压上了一种无名的负罪感。他奔波、求助、申诉，这一切却全属徒劳。审判仍绵绵无尽期地进行着……卡夫卡的这两部作品，都没有完整的结尾，而且卡夫卡也认为它们不应该有结尾，这本身就有明显的象征意味在——他这样说：“不断运动的生活纽带把我们拖向某个地方，至于拖向哪里，我们自己是不得而知的。我们就像物品，物件，而不像活人”！

① 《近现代西方主要哲学流派资料》，《哲学译丛》编辑，北京：商务印书馆，1981年，第202页。

卡夫卡对异化家庭的描写，突出地反映在他的短篇小说《判决》里。主人公格奥克，竟为了一件莫名其妙的家庭琐事，在顶撞了父亲一句之后，遭到了他那个一直在监视他的垂老父亲的“判决”——“你本来是一个天真无邪的孩子，但你本来的本来则是一个恶鬼一般的家伙。因此我告诉你：现在我判处你淹死！”这里我们应该特别留神“本来的本来”这几个字。卡夫卡借此显示出了一种对人生的本质上的绝望，一种原罪感，一种莫名的恐惧与战栗。他骨子里是说，在这样一种由被上帝造坏了的人所组成的家庭中间，勾斗残杀都是势不可免的。因此，格奥克服从这种看起来最为可笑和无力的判决而跳水，事实上是替生活中的无数“异化”了的家庭成员去死的。他是供在那个丑恶有罪的主面前的一只可怜的牺牲。

更叫人万念俱灰的，是卡夫卡在《变形记》里所描写的人如何失去自我，即人自身的“异化”。推销员萨姆沙，一天清早醒来，突然发现自己变成了一只大甲虫；由于他已经成了非人，尽管他还怀有人的情感，却不可能指望过去在家人那里得到的像对人一样的关怀了。在西方文学史中，我们有过古罗马诗人奥维德的《变形记》，但那不过是一大堆（确切地说是二百五十个）古希腊、罗马的美丽神话传说，作为人类象征的凯撒，终于要化为星辰，从而返回天宫。我们也曾有过古罗马作家阿普列乌斯的《变形记》，但那不过是主人公鲁齐乌斯误食魔药之后的一时误会，人虽“异化”为驴，但终归还是要“复归”于人。而卡夫卡的《变形记》，则反映了现代西方表象世界里的特有神话，这不再是传统意义的幽默，而是以极其辛酸的笔调，让萨姆沙渐渐地走入他的无可逃避的悲惨结局——死亡。于是，这样一个现代神话，就典型地再现了扭曲变态的被“异化”了的人们对自己悲凉生命旅程的感伤。

卡夫卡的作品，就这样从绝对的意义上，否定了人世间所有可能有的价值。他给予人的，不是信心，而是灰心；不是陶醉，而是惊怵；不是温暖，而是凄凉；不是满足，而是幻灭；不是进取，而是沉沦……一句话：不是美，而是丑。正如安东尼·但吉斯所说的，卡夫卡的表象世界，“尽管风格体裁通常是平淡的，累赘的，但气氛总是像梦魇似的，主题总是那么无法解除的苦痛”。是的，这就是著名的“卡夫卡风格”，它再贴切不过地表现出了在现代西方人茫然失措的心境中被投入进来的整个冷漠、阴沉、荒诞的世界印象。卡夫卡的梦，是一种白日梦，一种“异化”世界中被“异化”的梦，一场令人苦不自胜又无力挣脱的噩梦！

奥登，在他的《卡夫卡问题·K的寻觅》中曾经说过，卡夫卡“与我们时代的关系，最最近似但丁、莎士比亚、歌德与他们时代的关系”。

这话说得很对。我们看到，尽管卡夫卡并不热衷名声，只是“把写作作为一种祈祷”，甚至遗嘱别人把他生前的作品尽付一炬，然而，这位真正看破红尘者，却和其实还不大能看破红尘的叔本华（他曾雇用通讯员搜求自己名声的证据！）一样，不管追求与否，都赢得了身后的盛名。事实上，正是整个现代西方心灵对于“异化”现实的感受，在强有力地支持着这位“异化”艺术大师的显赫地位。正由于这位作家的笔触对在“异化”的社会和自然重压下的人的自我感觉的勾勒是敏感、细腻和深刻的，由于他丑文学的笔调和社会中丑学思潮的波澜是合拍的，由于他反理性的直觉和梦魇般的表象与理性毁灭后西方社会心理的灰暗是共鸣的，人们才会越来越发现了他，兴起了经久不衰的“卡夫卡热”。

于是，我们简直可以这样说，后来出现过多少丑文学家，就有多少人在自觉或不自觉地效仿卡夫卡这位丑文豪。

你要看看那荒诞的“异化”的自然么？那你读一读萨特的《恶心》吧。那不可知的自然，是一棵老栗树的黑色树根——

> 它那样存在着，叫我无法解释。它盘根错节，毫无生气，难以名状。它把我给吸引住了，它填满了我的两眼，不断地把我带回到它自己的存在上去。我反复地说，“这是树根”，我说了多次，也是枉然——什么都没有抓住。……那树根，连同它的颜色，形状，它的呆板的动作，是——根本无法解释的。……那个黑黝黝的东西。奇形怪状，软弱地呆在那里，看上去是莽莽一片，嗅一嗅则气味强烈。可是这丰盈情状却变成一团混乱，终于什么都不是，因为太多了……

正是在这样不可解释的自然面前，小说的主人公罗康丹感到，一种“恶心”的情感抓住了他，从此就没有离开过他。他也许要把对这样“异化”的自然的感受吐出来，不再去想它，可是由于自己腹中也已被“异化”得空空，终于只能干呕。

你要看看“异化”了的荒诞政治吗？那你看着黑色幽默派代表作家约瑟夫·海勒的《军规第22条》吧。这是一个多么叫人捉摸不定的军舰呀——按规定：主人公尤索林在战争中只要完成四十次飞行。可是，按照第22条军规，飞行员却又一定要服从上峰，否则必遭惩罚；于是，飞行大队指挥官卡思卡特上校，就得以命令尤索林无限止地飞下去。更为荒诞的是，这条军规还规定，只有精神错乱的疯子，才可以在提出申请后获准停飞；可是，它又规定，如果你在面临真正的、迫在眉睫的危险时，对自身安全表示关注，而以发病的借口提出停飞的申请，那就证明你头脑清醒，绝不是疯子，你便得再飞下去！"Catch－22"，已经作为一个日常语汇进入英文，被人们用来表示一种捉弄人的圈套，一种作为不可逾越的障碍的荒诞法律。正因为这样，诺曼·梅勒说，"海勒展示这样一种情况：一个本着理智行事的有理性的人必须得出一个结论——全世界都发疯了"！

你还要看一看"异化"社会里人与人之间的荒诞关系么？那你看一看尤内斯库的荒诞派名剧——《秃头歌女》吧。那对姓马丁的男女，起初仿佛路人。可是，攀谈起来才发现：两人是同乘一列火车来到伦敦，现在住同一条街，同一幢楼，甚至同一张床——原来他们竟是夫妻！人与人之间的隔膜和冷漠以至如此。这还不算完，女仆插进来说，那男人的孩子和那女人的孩子一个红在左眼一个红在右眼，又推翻了他们的夫妻关系，乃至于直到最后他们还是不明白，两人到底是什么关系！尤内斯库说，《秃头歌女》作为喜剧，表现的是不常见的事物，但所谓"超现实"实际就在眼前，近在咫尺，在我们日常的交谈之中。他说：

> 在这样一个现在看起来是幻觉和虚假的世界里，存在的事实使我们惊讶，那里，一切人类的行为都表明荒谬，一切历史都表现绝对无用，一切现实和一切语言都似乎失去彼此之间的联系，解体了，崩溃了；既然一切事物都变得无关紧要，那么，除了使人付之一笑之外还能剩下什么可能出现的反应呢？……

一道帷幕，或者说一堵并不存在的墙矗立在我和世界之间、我和自我之间；物质填满各个角落，充塞所有的空间，在它的重压之下，一切自由全都丧失；地平线迫近人们面前，世界变成了令人窒息的土牢。语言支离破碎，面目全非，文字落地如石块，或如死尸；我感到自己为沉重的力量所侵袭，对此，我只能作出徒劳的反抗。[①]

再有，你还要见识一下被"异化"了的自我吗？那你再看一看存在主义作家加缪的小说《局外人》吧。主人公莫尔索，对世间的一切事物无动于衷，对人类的一切感情漠然置之，——不管是他母亲的死亡，还是玛丽的爱情。这种麻木竟到了惊人的地步，以至于在他漫不经心地误杀了人之后，却又对自己的被审漫不经心。他说："我被控杀人，而死却是为了在母亲下葬的时候没有哭，这都有什么关系呢？萨拉玛诺的狗和他的老婆有同样的价值。饭馆里遇到的那个小女人和马松娶的那个巴黎人，甚至于要跟我结婚的玛丽，都同样有罪。雷蒙是不是我的朋友，赛莱斯特是不是比他更好，这都有什么关系呢？今天，玛丽拿嘴去亲另外一个莫尔索，又有什么关系呢？……"是呀，既然人生原没有价值可言，被人称作圣者还是

加缪（1913—1960）

① 《外国现代剧作家论剧作》，北京：中国社会科学出版社，1982年，第168—169页。

歹徒，又有什么关系呢？既然人生终不免坠入空虚的死，那什么时候死和怎么样去死，又有什么关系呢？加缪自己曾经说过，“《局外人》写的是人在荒谬的世界中孤立无援，身不由己”。在他的短篇小说《来客》中，他也是用主人公达罗的感受——“多么的孤独呵！”来结束。所以，加缪的作品，正像他在《鼠疫》一开头所引用的笛福的话一样，是“用另一种囚禁生活来描绘某一种囚禁生活”！

……

这是一种完全笃信丑学的，用来看待世间一切事物的丑的滤色镜。有了这种满眼皆丑的目光，他们怎能不把他人看作地狱（萨特），把自我看成荒诞（加缪），把天空看作尸布（狄兰·托马斯），把大陆看作荒原（T.S.艾略特）呢？他们怎能不把整个人生及其生存环境看得如此阴森、畸形、嘈杂、血腥、混乱、变态、肮脏、扭曲、苍白、孤独、冷寂、荒凉、空虚、怪诞和无聊呢？

正因为这样，弗洛伊德之文明的“超我”压抑原始本能的力必多的心理分析假说，才会使那么多本来就已经对人的本性和文明的价值都表示悲观的艺术家们大为震动，从而自觉地力求在各门艺术中把这种激烈的冲突再造出来，把丧失“自我”（即理性心理结构）之后的种种变态的性本能，各种足以导致现有文明系统解体的黑暗潜意识“升华”（不如干脆说发泄）出来。诺曼·梅勒在述评詹姆斯·鲍德温的小说《另一个国家》时写道：

> 性在这本书中被颠倒——白人同黑人睡觉，男人同男人睡觉，女人同男性同性恋者睡觉，性的描写离奇古怪，令人作呕，写得绘声绘色，但使人窒息，写得令人心荡神怡，但又使人透不过气。在这个由黑人和白人、原子尘、大麻、心理变态、失眠、毒品构成的世界里，在这个人们狂饮到拂晓四点钟而以喝啤酒为收场的世界里，人们不是在恋爱，而是在绝望中挣扎，企图跳越由自己的怨恨和怯懦构筑起来的高墙，但是谁也跳不过

去，至少是不能顺利地跳过去。书中的每一个人物都扬鞭催马，驾着个人的色情马去疾驰在羊肠小道上，而且每个人都跌得粉身碎骨——或多或少都是由于自己的过错。[①]

或许我们可以说，对一个失去价值支点而越来越需要看精神病大夫的文明来说，这种疯狂的描写可能是最正常的哩！

也正因为这样，才会有更多的艺术家倾向于海德格尔在《艺术作品的起源》里所提倡的那种以为艺术就是揭示黑暗并使之永恒保存下去的见解，同意萨特在《想象》一书中认为现实从来就不是美的，美只能适用于一种虚构的价值，——在其基本结构中包括着把世界虚无化的观点。伊哈布·哈桑写道："在美国的经验中，总归有很多东西是符合存在主义所主张的：人类是赤裸的、人是依靠自我的、人是蔑视死亡等观点的。这样，萨特的思想，特别是加缪的思想，在50年代就在我们的国土上生根了。实际上，嬉泼斯特（美国存在主义者的一种称号——原书译注）的生活方式，还出现在这些思想之前：嬉泼斯特由于密切接近了危险、本能和他的灵魂向他发出的反抗命令，以他的全部的存在去反抗世界末日的空虚。"[②]只要西方文明仍然找不到可靠的价值基础，那么，存在主义就必然普遍为人们所接受。所以，如果说存在主义者目前已不存在，那恐怕是因为它太普遍地存在的缘故罢！

西方的丑艺术，多受弗洛伊德心理学和存在主义哲学的影响，原因盖出于此。

丑艺术家们意识到了也罢，不尽自觉也罢，从根本上讲，他们所看到的，所描绘的，正是发展到极端的作为Aesthetics的丑学和作为丑的全部感性。

① 《美国作家论文学》，刘保端译，北京：三联书店，1984年，第393—394页。

② 伊哈布·哈桑：《当代美国文学》，陆凡译，济南：山东人民出版社，1982年，第8页。

第五节

不再崇高的英雄和不再美丽的艺术

续谈一下现代西方的丑艺术。

就像美学要建立自己的崇高论和悲剧观，以便消弭冲突，让美来克服丑一样，丑学，也要建立自己的悲剧观和反崇高论，以便加深矛盾，让丑来克服美。

在《悲悼三部曲》的最后一部——《祟》中，奥尼尔曾经说过：

> 我在写一本家史！……记载全部家庭罪恶的真实的历史……我想把我们生活背后恶运的根源从孟家的历史中隐秘的地方找出来！我想，如果我能够很清楚地看见它在过去的情形，那么维妮，我也或许可以预测到我们未来的命运……

这话可以说是替悲剧的作者尤金·奥尼尔本人讲的。

奥尼尔说，“我——一个坚定的神秘主义者，因为过去和现在一贯企图通过人们的生活来显示生活，而不单是通过性格来显示人的生活。我锐敏地感觉到某种潜在的势力（命运的、神的、我们生物界的过去的——随便你叫它什么——奥秘）和为了人本身而进行光荣的、招致灭亡的人的自古以来的悲剧……”[①]他正是要揭示整个人类的家史，表现他们必然招致灭亡的根源。

从表面上看，似乎奥尼尔还没有脱尽传统悲剧观念的影响。他说，悲剧不应该被看作不幸，它使人变得高尚，赋予人们对事物的深刻的感受。因此，“人们责备我写得太阴暗。然而这难道是悲观主义地看待生活吗？我不这样认为。有肤浅的、表面的乐观主义，也有常常和悲观主义搅和在一起的更高度的乐观主义。”[②]可是，由于他认为：“幻想愈高，愈不可能实现。当人在追求不可企及的东西时，他注定是要失败的”，所以他又说，崇高的东西永远是最具有悲剧性的。因此，他又写道：“无论如何，打倒乐观主义者！”

本来，究竟崇高的总是悲剧的，还是悲剧的总是崇高的，这恰好就反映了美学与丑学之截然相反的看法。基于他的美学，基于他对于绝对精神的信仰，黑格尔曾以索福克勒斯的名剧《安提戈涅》为例，对悲剧给出了乐观的经典性释义，认为在悲剧结尾之感情的和解，是由于永恒正义贯彻于结局而得到的。因而，对于黑格尔来说，悲剧的总是崇高的。可是，在奥尼尔看来，从丑学的观点出发，尽管主人公不断地有所追求，看起来似乎也很崇高，不过这种追求却只是徒然的。因此，任何从前看起来似乎有其不言而喻之价值的东西，都只会无可避免地步入毁灭，步入悲剧的结局；他们本身就是一场空，本来就只空忙一场，——这就是说，崇高的总是悲剧的。

① 《美国作家论文学》，刘保端译，北京：三联书店，1984年，第248页。

② 同上，第243页。

因此，丑学的悲剧观就继承了叔本华那种把整个人生看成是一个大悲剧的观点。柯列根说：

> 悲剧人生观的显著特征的依据，在于我们深知人类状况的基本事实，就是我们总是力不从心终于失败。事实就是，不管我们怎样艰苦努力，我们的意志，我们的体力，我们的仁爱，我们的想象到头来都没有用处。事实就是我们的生活受到矛盾和怪异的限制，就是我们的经验排斥我们运用任何合理手段以驾驭和控制这一事物的一切企图。事实就是我们要生活下去，必须承认这一现实。生活是粗暴的、失败的、不正直和不公平的，而在每一个转折都以让步为标志。最后，事实就是要生活下去，必须面对这个荒谬的矛盾：最能肯定生活的却是死亡。①

由此，尽管人们时时还在赞赏一种海明威式的失败的硬汉精神，但这里的崇高形象基本上已经走向它的反面了。在丑学那里，悲剧中的崇高，只不过是貌似而已，——只不过是一种无本质的假象，一种不存在的存在，一位和风车搏斗的可笑骑士唐·吉诃德先生。所以，这种"崇高"人物，也就颇为类似传统美艺术中的说到底只是一种幻影的魔鬼。在丑剧作中的英雄伴着美神一起死去之后，丑学那里，代之而起的，便常是一种"反英雄"——是碌碌无为而又心灵敏感易受伤害的宵小，是扭曲变态、心灰意懒有时却又不甘堕落而渴望生活的侏儒，是不乏善良天性却又只会逆来顺受任人宰割的庸人，甚至是灭绝人伦却似乎又自有一番道理的禽兽……《变形记》和《推销员之死》里两个由

① 转引自陈瘦竹等：《论悲剧与喜剧》，上海文艺出版社，1983年，第36页。

于职业原因而不得不成天强堆笑脸直至步入死亡的可怜的推销员，《恶心》里那个感到“我们是一堆自我拘束、自我惶惑的生存者，我们无论哪个人都没有丝毫的理由活在世上”的罗康丹，《永别了，武器》里那个“感觉像在地狱中，再也不相信什么神圣、光荣”的“迷惘的一代”的代表亨利，《毛猿》里那个苦苦地追求自我，终于死在大猩猩左臂的杨克，《第22条军规》里那个感到自己“看不见天堂，看不见圣者，也看不见天使。我们只看见有人利用每一种正直的冲动，利用每一出人类的悲剧拼命地捞钱”的怕当炮灰的尤索林，《局外人》里那个觉得“既然需要死，那么怎么样死和什么时候死，都是次要的问题”的心不在焉的莫尔索等等，都是这样的反英雄。

奥尼尔笔下的杨克（Yank），本是Yankee（美国佬）的缩写，奥尼尔是假他来象征失去自我，失去生存重心的全人类的。他说，“杨克就是你自己也是我自己，他是所有的人。”因此，奥尼尔无疑感到，在人类的天性中，其实本来就没有崇高，而只有空虚和可笑；人类天生就是那种宵小、侏儒、庸人甚至禽兽。因而，他们也就注定避免不了去做悲剧里的角色。由此他认为，现代生活的悲剧性，只在于从没有出路的条件下去苦苦地寻求出路，从而认识自己可怜的本来面目，而不管这样做有多少痛苦。正如劳逊所指出的那样，奥尼尔的确是“表现了极端的、叔本华式的、情绪的悲观主义”[①]。

这是何等悲惨的悲剧观，何等渺小的崇高论！

在崇高走向它的反面——滑稽的同时，悲剧也走向它的反面——喜剧了。

奥尼尔说过：“我们或者无望地企图抓住自己的幻想，而最后却代之以某种廉价的代替品，或者我们盼望过最好的生活，而发现时间本身嘲弄地向我们提供了代替品，不过它是这样贫乏，以至对它可以不予理睬。在这两种情

① 劳逊：《戏剧与电影的剧作理论与技巧》，北京：中国电影出版社，1978年，第168页。

况下，我们是悲剧人物，但是如果作者相当公正地把它处理成喜剧时，我们也适合于最高型的喜剧。”①

正像克尔凯戈尔嘲笑黑格尔的那样，在丑戏剧家看来，想用传统的道义观念去判定本来在一个不合理世界中的人物的合理地位。那实在是太喜剧了。所以，在一个荒诞的环境中，他们宁可饱噙着泪水，像萨特《墙》里的主人公伊比埃塔一样面对种种不可解释的事实发狂地大笑：既嘲笑荒诞的世界，也嘲笑荒诞的自己。正如杜仑马特所说的那样，悲剧的先决条件是罪恶、节制、明晰、责任感、幻想，也就是说，悲剧还要从一种明确无疑的价值规范出发。可是，“实际上，事情发生了，任何人都不负责任。一切事物和每一个人都莫名其妙地卷入了这偶然发生的事件之中。我们都是在集体犯罪，集体地陷入父辈和先人的罪恶之中。我们都是幼稚的人的后代。那是我们的不幸，但却不是我们的罪；罪恶只能存在于个人成就和宗教行为之中。我们的权利就是喜剧。”②

因此，在丑艺术家们看来，一切正儿八经都是无聊的同义语，包括正儿八经的呼天抢地在内。于是，他们就一反传统的奉悲剧为正宗的观念，不愿再用这种正儿八经的形式，而更多的，则是喜欢写玩世不恭的喜剧，写一种由正经的悲剧“异化”而来的表现人们陪胡闹的闹剧。

这样，我们看到，表现主义艺术、存在主义文学、黑色幽默小说、荒诞派戏剧等等，往往都更富于喜剧性，其人物都往往滑稽地类乎丑角。当然，由于象征手法的广泛运用，这类喜剧都是一种广义的象征主义喜剧，因而它所讽刺的，不是什么典型环境的典型性格（具体），而是普遍环境的普遍性格（一般）。因此，这种表面上逗笑的喜剧，是故意要叫每一个观众难堪的，因为无

① 《美国作家论文学》，刘保端译，三联书店，1984年，第248页。

② 《外国现代剧作家论剧作》，北京：中国社会科学出版社，1982年，第157页。

人会从这种对整个人生的自我嘲弄中，悟出自己的一丁点儿优越性来。杜仑马特说过，夸张的喜剧是一个捕鼠器，能一次又一次地抓住观众。也许，他是要把观众们都抓到戏台上来，叫他们都到《老妇还乡》里来做一个滑稽的卑鄙的市民罢？——这真是一种最最尖刻的，讽刺面最广的，叫人不禁转喜为悲、破笑为啼的喜剧！

荒诞派戏剧家亚达摩夫在自杀前不久，曾经惨淡地说，“一切人类的命运同样是徒劳无益。无论断然拒绝生活或是欣然接受生活，都要通过同一条路走向必然的失败，彻底的毁灭。”正是这种毁灭感、末日感，使得人们在不同的死路上殊途同归，因而也使得悲剧与喜剧殊途同归了——“只有无可解决的事物，才具有深刻的悲剧性，才具有深刻的喜剧性，因而从根本上说来，才是真正的戏剧。”正是西方现代心灵中荒诞的现实，导致了这种荒诞派戏剧家对戏剧的荒诞认识，导致了这种为丑学所独有的悲剧性的喜剧、喜剧性的悲剧。

就这样，正像西方人自己常爱讲的那样：“艺术堕落”了，艺术走向了“末日”：它已经成了一种不再美的艺术。

你不可能想象，在丑艺术家们心如死灰地否决了所有传统的规范、公理、标准、法则之后，还会来偏偏恪守那些小小的艺术法则。而由于一切都丧失了一定之规，现代西方的艺术家们，就像害怕瘟疫一样地害怕雷同。他们对一切现存的事物都抱定“大拒绝”的态度，无休止地花样翻新；于是，多种多样标新立异的艺术流派接踵问世，光怪陆离，无奇不有，令人目不暇接，大有身陷迷宫之感。

面对这种情况，我们必须确定一个批评的标准，才能对这种千变万化的不确定的艺术现象给出一个确定的衡量尺度。

米罗：《倒立的人》，1949。

从传统美学的角度来评审现代西方的艺术作品，只会使人徒增迷惘。阿多尔诺说过，在我们的时代，那些根本不成其为作品的东西都成了惟一的艺术品。G.沃兰德也说：“从艺术的观点来看，难道现代艺术不是魔鬼的作品吗？难道舞台上各种精神错乱和歪扭鄙丑的动作都是艺术吗？各种艺术趣味的感受的否定，所有那些过去被看作丑的和个人厌恶的东西——那些垃圾癖和裸体癖——难道都是艺术吗？”[①]这都反映了传统趣味对现代感性的反感和不理解。

说穿了，这就是针对达利的《西班牙内战的前兆》，针对毕加索的《格尔尼卡》，针对路易·勒·布罗基的《男妖》，针对米罗的《倒立的人》，针对马格里特的《红色模特》，针对奥托·迪克斯的《街道》，总之，针对一切丑术，文不对题的质疑：究竟此“术”何“美”之有？

可是，记得毕加索曾经说过，我从来就不知什么是美，那大概是一个最莫名其妙的东西吧？

马尔库塞写道：“在社会的另一极，即在艺术领域里，继续存在着一个固有的独立的抗议和否定‘已有物’的传统世界。在这一世界里，人们继续散布着，听到和看到不同的语言和不同的形象。这一（起着另一种作用的）艺术在今天反对现存社会的政治斗争中是一种武器，其影响深远，直达到有某些特权的或被损害的集团。艺术传统的破坏性使用从一开始就把目标指向艺术全面地非升华：指向破坏美的形式。”[②]的确，作为一种全面的“对抗美学”，人们本来就是要将传统感性中的美送上绞架的呀！

因此，既然丑术的形式和手法力图给人的是空幻，是悲凉，是惊愕，是针砭，是饮鸩止渴式的麻醉，是各式各样的丑感，那么，对于惯于传统美艺

① 《国外社会科学》，北京：中国社会科学院，1978年第4期，第88页。

② 马尔库塞：《工业社会和新左派》，任立编译，北京：商务印书馆，1982年，第146页。

达利:《西班牙内战的前兆》,油画,1936。

毕加索:《格尔尼卡》, 油画, 1937。

术趣味的眼睛和耳朵(这按容格的心理学假说或许已经是积淀到我们潜意识深处的“集体无意识原型”了)来说,不惯于审丑,不能欣赏现代丑作品,那是并不奇怪的。但是,如果有谁在阅读、观看(这里不敢用传统的“品味”、“鉴赏”)时感到不理解为什么它不能给人们带来美感,那就奇怪了。——真的,如果丑艺术家们的创作却竟给人带来了愉悦,那他们不就失败了吗?不就事与愿违了吗?

滨田正秀,曾经在《文艺学概论》里,把对以美为主干的传统艺术的“批评的单位”说成是“美的体验”,把对以美丑并长争高相互诱发携手共进的近代艺术的“批评的单位”说成是“力”。同样,我们以为,丑也可以作为现代丑艺术的批评单位。丑术绝不等于无术。真正杰出的丑艺术家,对于创作的态度是严肃认真的。他们并不见得当真就笨得学不会学院派视为不二法门的传统教程,当真就缺乏传统技巧。他们之所以不能像传统艺术家们那样给人以美感，只是因为对“异化”的强烈感受使他们觉得艺术家的良心不允许他们再去欺骗读者和观众，只是因为他们有一层更深的考虑：既然世界是“荒诞的”和“异化的”，那就只有用“荒诞”和“异化”的手法和形式才能更真切地予以表现，既然真与善的对抗满目皆是，那就不仅应在艺术内容中，而且应在艺术的表现技巧上把这种本质上的丑披露出来，以求得最强烈的艺术效果。评判一个丑艺术家是否在他的领域中获得了艺术上的成就，只能根据他们自己的这种考虑出发。克罗齐从他的美学出发，曾将丑判为“不成功的表现”。但是我们看到，在丑学里却恰恰相反：越是丑的，就越是成功的！

因此，尽管丑艺坛上怪象迭出，一个流派只能领风骚数十年，十数年，甚至数年，然而它发展的基本线索并不是不可追踪的。

我们看到：垮掉了的理想使人发生了“垮掉的一代”的《嚎叫》（金斯别格）；存在的荒诞不经逼出了表现主义的梦魇般的离奇古怪；历史的失去必然性决定了荒诞派戏剧的反戏剧性；人心的不安导致了意识流小说的个人焦躁的前后跳跃与颠三倒四；世界的非理性化导致了超现实主义的“破坏就是创造”（巴枯宁语）和创作自动主义；人性的“物化”派生了新小说派的失去人物和突出物体；人间世的漫画化引出了黑色幽默小说的漫画调子；社会关系的不和谐传染了现代丑音乐的不和谐、忽视乐思、否定调性、摈弃和声、抹杀旋律、追求强烈刺激效果（据科学实验证明，连庄稼听这种音乐都不爱长！）；世界的垃圾化产生了丑雕塑的垃圾化；生活的充满偶然触发了丑画布上的信笔涂鸦；生活的单调和机械要求了丑建筑的失去个性和故意突出机械化（且不多论及柯布西耶的“房屋便是居住之机器”的建筑定义，你就看一看巴黎那幢举世闻名的故意把传统建筑一定要当成五腑六脏隐匿起来的各种管道都统统开膛剖肚地贴在脸上的几乎像一个散发着毒气的化工厂的“蓬皮杜文化中心”吧！）……总而言之，凡是丑艺术作品，都可以说是广义的象征主义作品，是从西方现代的悲观感性心理中自然流露出来的“异化”世界的贴切象征。

正是变态了的西方社会心理，造成了丑艺术变态的感性特点；正是迷宫一样扑朔迷离的现实，派生了丑学所属的迷宫一样的艺术。

我们必须重申一遍。即使是最强调实验的形式主义，它也是“异化”的感受逼出来的。表面上，它超越尘世，如塞尚所说的那样，是一个“与自然平行的和谐体”，或如庞德所说的那样，是不同于作为诊断的“对丑的崇拜”的作为卫生的“对美的崇拜”——纯诗；所以，它好像是在美的主观自由世界中游戏、徜徉。但是，且不说作为他们所有的实验结果的手法更新都被人用来表达丑感（比如种种用抽象画去表现的乱七八糟的存在的象征；比如艾略特用意象派手法写出《荒原》……）。即使是那些不忍面对自己真实的表象世界而不敢率性创作的艺术家们，甚至也可以被称为非丑的不成功的丑艺术家。离开了丑这条基本线索，我们根本走不出现代西方的艺术迷宫，根本不可能把握这些无所不变其极的艺术表象的万变不离之宗。

叔本华曾经把人生比作永远躺在风火轮上的伊克希翁。这里的伊克希翁，是希腊传说中的拉皮萨（La Pithac）之王。这个凡胎肉眼的家伙，竟然对王后赫拉起了非份之想。王后恼怒之余，反使一朵云彩化作自己的模样去戏弄他。伊克希翁焉知此中有诈，遂大喜过望，自谓已得天后垂青。哪知乐极悲来，又被打入地狱深处，绑在不停转动着的风火轮上，永受烈焰的煎熬。

看来，像伊克希翁那样狂追妄求的登徒子还是当不得的。只是很可惜，西方人已经做过了。受爱美之心的鼓动，他们曾对天宫中的绝色动了春心，裹着一团虚幻的水气，还自以为是和命运女神拥抱亲见。哪知，命运女神突然无踪无影了。于是，西方人揉揉眼睛，又觉得自己已坠入九层地狱。这样，他们的艺术作品，便成了想象中的风火轮，一圈一圈地转动着，用凶猛的火舌，舔着他们脆弱的灵魂。

第五章 感性的多元取向

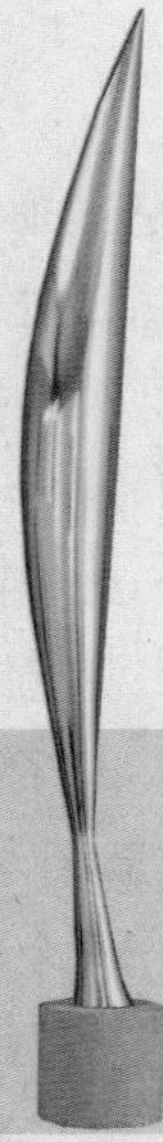

布朗库西:《空间中的鸟》,1928,纽约现代美术馆。

在《自序》中，我曾经给本书提出这样一个任务——“变单纯的描述为一种开放性的结论蕴含与萌生其中的强大历史指向”。

这也就是说，如果我们希望找到一种方法、一个理论的基点去评判我们所回顾的整个西方性灵发展的得失，那么这种方法、这个理论的支点恰好又只能在这种回顾之中隐藏。

正是通过这种回顾，眼下我要对一些曾经正确地说过“丑学”绝不是科学的朋友们补充说一句美学也不是科学！

既然我们已经判明“美学”一词不过是浓缩地反映了古希腊式

的孩提心情，不过是一种由理性乐观论所派生的乐观感性论。那么，有谁敢说他一定知道，天父总是无微不至地关怀我们呢？（由于“天父”本来是从我们的心灵中分娩出来的，所以这话确切地讲应是：你怎么知道我们住在天国的那个儿子总是无微不至地孝敬我们呢？）

正因为这样，我们必须坚决反对任何从传统美学的角度来批判丑学的做法。那在理性面前，不啻是一百步笑五十步！

教会与丑学的代表——无神论存在主义者们的关系一向并不融洽。比如，教皇庇欧十二世在1950年给全人类的通谕中，就曾经“谴责存在主义者们相信‘一个不能接受适当处理的某些理智的真办法的人只需乞灵于他的意志’，并且惊呼：‘这是一种在思想领域和意志领域之间的不可思议的混乱！’”[①]

这种布道，可怕的倒不是没有相信，而是万一有人相信。那样，上帝的可怜的有罪的孩子们，就会再度沦入迷信，然后坠入迷信苏醒之后的彻底虚空之中。人类毕竟不需要，不值得也不再能忍受替一种盲目的乐观孩提心情赎第二次罪了！

当然，我们并不因此就没有理由判定丑学的非科学性质。

我们赞成那种充满历史主动性的浮士德式的辩证理性精神。诚然，承认了世间的矛盾，是令人痛苦的。这种矛盾高度地凝聚在“心物二元”的分裂上：心不能完全同化掉物，——它追求外在的无限，却自付到本身的有限；它反求内在的自由，却难逃外在的强制……正因为这样，哲学家们对“一”的追求是可以理解的。然而，这里的问题是：究竟这种追求是鸵鸟式的还是云雀式的？是向后还是向前？更重要的是这种追求本身究竟被理解为有限的还是无止境的？前者，必然掉进克尔凯戈尔的阴冷和海德格尔的虚空之中。而

① 《外国哲学资料》第3辑，北京大学外国哲学研究所编译，北京：商务印书馆，1977年，第117页。

只有后者，才可能为人生找到积极的真实支点。辩证理性的伟大之处，正是在于，在清醒地看到了主体与客体之间存在的深刻矛盾之后，它已经意识到了，在自己的哲学体系中，不可能得到那个“一”；可是它并没有颓唐，而是反而激发了主体强烈的向自由和无限进军的精神；它把二元化的世界上的激烈冲突沉积于自身，借此建构了充满冲力的主体性，从此坚实地由“二”向“一”、由有限向无限无限地上升。正是在这种上升中，主体看到了自己的“神性”。它激励自己说，一半是野兽一半是天使的人呵，你想要做一个纯粹的“神”吗？那你惟一的可能就是凭借代代相传的力量去做一个大写的不死的浮士德；你不要空等被救，但你也决不会无救，因为你尚可以自救！

这种辩证理性的精神是完全符合人类迄今为止的全部进化史的。这历史告诉我们，由于不断的认识和实践，作为类的人的确是在自一段非常有限的发展过程中开始了一种向着无限与绝对，向着“神”，向着“一”，向着自由王国的非有限的逼近趋势。因此，我们应该清醒地认识到，如果我们真正想有点儿出息，还要把这种逼近的趋势保留下来，把这条“渐近线”画下去的话，那我们惟一的可能有的出路，就是鼓足勇气积极地的不断展开认识和实践，不断展开和解决新的矛盾冲突，不断地去像浮士德那样上演一次比一次更高级、视野更广阔的悲剧。坦率地说，我们真不敢武断地说我们最终就一定会成为绝对自由的“神”，我们真不敢武断地说这无数次的悲剧就一定会积分成一出壮美的正剧，——我们没有那样的宗教信仰。从这个意义上说，我们的确没有希腊人那么乐观。但也从这个意义上说，我们又的确比希腊人伟大和成熟！我们不能期待一个幻想中的造物主来救世，我们只能自己拯救自己，把自己当成造物。只有这样，我们才能获得最大的生存可能！

这又是一个现代神话吗？——是的。但这却是一个站在地面上的人关于他自己的“神话”！这里充满了激越的想象力，却并没有任何非分的幻想！这里充满了人道主义精神，却没有传统人道主义中那种自我陶醉自我满足的情绪！也许你要讲，这不仍然是乐观的吗？——是的。但只有在积极进取的意义上，我们才乐于接受“乐观”这个词。

准此，我们要争辩说，悲观主义实在是太悲观了，丑学实在是太丑、太低沉了。它看到了作为人生矛盾对立面的丑恶，却不能鼓舞人们用积极的、进取的、入世的英勇人生态度去克服和战胜它。作为一种“佯谬”，它也许可以怀疑人类追求自由的最终可能（尽管它也没有任何可靠的逻辑来否决这种可能），但是，如果人类真正要照它所宣扬的处世态度去生活，人类就已经丧失了这种可能。

悲观主义的这种消极作用，后来甚至连萨特都多多少少地反省出来了。比如他在关于哲学问题的最后一次谈话中说：“一方面，我保留着这样的看法：一个人的生命表现为一种失败，他做不到他打算做的事。他甚至不能想他所要想的，感受他所要感受的东西。结果，这就导致了一种绝对的悲观主义……再说另一方面，自从1945年以来，我就越来越认为——而且现在也完全这样认为，着手进行行动的一个根本特点就是希望……行动同时就是希望，在原则上不可能注定要遭到绝对无疑的失败。这并不是说行动一定要达到目的，但是行动应该表现为假定将来要达到的目标。希望本身就是有某种必要性。”[①]

萨特的终身伴侣西蒙娜·波伏瓦也说：“能用语言表达出来的不幸不是真正的不幸，它已经变得并非难以忍受了。它应该谈论失败、丑闻、死亡。这不

① 《现代外国哲学论集》，中国现代外国哲学研究会编，北京：三联书店，1981版，第252页。

是为了使读者失望，相反是希望把人们从失望中解救出来。”

加缪也说过：“清醒乃是失望的反面。”也许，正因为这样，他后来的《鼠疫》就不再描写“局外人”，而是描写“局内人”，敢于与无妄之灾展开较量的人。

然而，即使是存在主义者作了这种修正，我们还是要争辩说，你这种思想仍然是消极无力的。就说这本被人们看作比较“积极”的《鼠疫》吧。当里厄医生和大家一起战胜了一场几乎使全城陷于万劫不复的传染病之后，“里厄倾听着城中震天的欢呼声，心中却沉思着：威胁着欢乐的东西始终存在，因为这些兴高采烈的人群所看不到的东西，他却一目了然。他知道，人们能够在书中看到这些话：鼠疫杆菌永远不死不灭。它能沉睡在家具和衣服中历时几十年，它能在房间、地毯、皮箱、手帕和废纸堆中耐心地潜伏守候，也许有朝一日，人们又遭厄运，或是再来上一次教训，瘟神会再度发动它的鼠群，驱使它们选中某一座幸福的城市作为它们的葬身之地。”整部小说就在这样绝望和阴沉的思绪中结束了。由此，加缪就把人类看作死后堕入地狱被罚推石上山的希腊暴君西西弗斯，——石头一到山顶，便“隆隆”地滚落下去，于是一切痛苦的努力都必须重新开始……

为什么存在主义的孤独个人即使是顽强地挺起来，投入行动之中，也仍然摆脱不了悲观呢？这仍然是他们在理论上的先天不足造成的。由于先入为主地要把自己的体系造就成一元论从而遁入自我，他们就既看不到主体的代代相传的成长，也看不到客体的变化之中的相对恒常；他们在人类的理性自省到不足以认识一切之后，就反以为理性一切都不足以认识。由此，他们的哲学，就包容不了科学在主体繁衍的过程中、凭借理性精神而对客体认识的不断丰富。就说“鼠疫”吧，它的规律不是已经被人类相对地把握住，并将它基本抑制住了吗？可是，存在主义者们的哲学偏偏就不允许他们正视这一个起码的事实。的确，理性——尽管它内部充满了冲突、背反与震荡，却实在是我们不陷入悲观绝望的惟一理由。因为它毕竟可以在越来越多地认识基础上指导我们越来越正确地行动。如果否认了理性，遁入只有模糊情感体验的自己的灵台，认不清外部发展和自己追求的起码定则，那就只能是一只无头苍蝇——就像海德格尔曾经向纳粹法西斯效忠一样，或者像萨特曾经向中国的十年文化浩劫拍手一样，甚至认不清人类最丑恶的东西。这样瞎碰乱闯的无理性行动，焉能不招致悲观？！

威廉·福克勒曾经这样说：

> 我拒绝接受人类的末日。说什么人仅仅因为能挺得住，因为在末日来临前最后一个黄昏的血红色霞光中，从孤零零的最后一个堡垒上发出奄奄一息的最后一声诅咒时，即便在这个时刻也会有一丝振荡——柔弱的、难以忍受的人的颤抖的声音，所以人是不朽的，这种话说说倒是很容易的。可是我不同意这种说法。我相信，人不仅能挺得住，他还能赢得胜利。人之所以不朽，不仅因为在所有生物中只有他才能发出难以忍受的声音，而且因为他有灵魂，他有同情心、自我牺牲和忍耐的精神。诗人、作家的责任正是描写这种精神。作家的天职在于使人的心灵变得高尚，使他的勇气、荣誉感、希望、自尊心、同情心、怜悯心和自我牺牲精神——这些情操正是昔日人类的光荣——复活起来，帮助他

> 挺立起来。诗人不应该单纯地撰写人的生命的编年史,他的作品应该成为支持人、帮助他巍然挺立并取得胜利的基石和支柱。①

这里,就深刻地向我们提出了一个艺术家本身的历史责任问题,即艺术家如何在人类这场不断的自救运动中如何无愧于人类灵魂工程师的称号问题。因此,无论如何,像西方的丑学思潮那样,缺乏对生活的起码洞察力,为所谓"异化"的现象一叶障目,看不出人世间还有任何光明的前景,因而陷入"安特莱夫式的阴冷"之中不能自拔,这是对人类历史缺乏深刻责任感的表现。

正是在这一点上,马克思,比任何其他哲学家都更深刻地继承了西方文化中的优秀果实。他不崇拜西西弗斯,而认为只有普罗米修斯才是哲学日历上最高的圣者和殉道者。他坚持用理性的武器去不断地为人类盗来天火,因为他深知,人类所追求的,首先是追求本身。——他们正是在不断盗天火的过程中越来越多地享有了自由与幸福!这种深沉的社会责任感和历史进取心,是存在主义哲学家绝对难望其项背的。所以,马克思的精神,就终将会使得存在主义不再存在。萨特晚年偏向马克思主义,绝不是偶然的。

当然,这不是说,丑学就没有它自己的历史功绩。

作为西方性灵发展过程的一个必经的否定环节,作为那种虚幻地粉饰太平的唯美主义的反拨,作为上帝死后社会心理必然的自赎,它宁说是一个很大的进步。

它对生活的态度是严肃认真和充满思索的。它忠实于自己对世界的感受。它敢于正视惨淡的人生,敢于直面淋漓的鲜血,并且为了最真切地表现这种

① 《美国作家论文学》,刘保端译,三联书店,1984年,第367—368页。

感受，而不断地去努力丰富自己的艺术表现力，不无成功地进行了各种各样的形式和手法的变革、试验、移植、创新，从而将整个人生中的否定面以空前的广度和深度，以最凝练的手段和最打动人的笔法刻画了出来。在唯美主义被上帝之死弄得令人无法忍受以后，这种唯丑主义尽管有其先天不足，甚至从根本的思路上讲仍然未脱开传统的羁绊，但是，它毕竟给了人们发挥艺术创造力的很大余地，给艺术的内涵以极大的丰富，从而也大大拓宽了人们的艺术视野，为人们创造了一个更广阔的感性的空间。

歌德曾经说：

> 康德已经教会了我们理性的批判。如果就一般的艺术，尤其是就法国的艺术来说，要重新获得它的品格，并在有生命的和幸福的道路上向前迈进的话，我们还须有一种感觉的批判。①

我们已经知道，歌德对于感性的批判，正是借助于丑的介入来进行的，由此，他给人类的感性赋予了美丑对峙并长争高的向前的冲力。我们可以把西方的丑学，看作是歌德这种对于感性的批判的继续。因为在歌德的那个岁月里，靡非斯特虽然已经开始参与了创世，却仍然没有天帝那样的威力，——正因为这样，歌德的《浮士德》才给我们留下了两个意义完全不同的结尾；这样，西方的感性真正要丰满起来，它就必须要经历一次更强烈的批判，更狂暴的震荡，更极端的向丑的冲击。看起来，感性是更灰暗、更绝望了，但实际上它是更丰富、更有希望了，因为正是在这种悲不自胜的背后，感性深刻地从希腊型的一元、单线走向了现代型的双元、复线。这又是一个感性的

① 《歌德的格言和感想集》，程代熙、张惠民译，北京：中国社会科学出版社，1982年，第96页。

“暗渡陈仓”的狡智吧？

这样，我们也就在西方性灵的一次必然的自赎中，看到了它的真正的希望。正像西方的哲思在极端地尝试遍了外与内、他与我、物与心、客体与主体、无限与有限、必然与自由、理性与非理性、决定与选择、科学与激情、实证主义与人本主义、独断与怀疑、本质论与现象论、乐观与悲观等等偏重之后，已经发现了无论把立足点立在哪一偏去建立一元论都是徒劳无功的，从而否定了传统的路数，开始对一种多元的哲学观点能够容忍，并且在这种共存中展示了一种“合流”的趋势一样，西方的感性也必然在美与丑、喜与悲、暖与冷、光明与黑暗中找到了自己的“合题”。

孩子是最容易倾向于情感心理的哪一极的：一块糖可以使他的脸笑得像一朵鲜花，一巴掌可以使他的眼睛哭得像一泓清泉。但是，要是一个成年人，特别是一个饱经风霜的男子汉，如果也这样不笑便哭，那么他的精神就恐怕不很正常了。这当然并不意味着他果然就去不苟言笑。但无论如何，这哭声中不见得没有憧憬和希冀，这笑声中也不见得没有警策和优点。

为了避免不必要的误解，我们须着重指出，我们这里讲的感性的“合题”，并不等于感性两极的所谓“二重组合”。

首先，时下关于“二重组合”的说法，基本上还是出自传统美学的。它所能运用的感性学范畴，只是少数几个传统意义上的术语，完全无法包容西方的丑学所创造性地开发出来的人类情感的另一侧面。因此，它便只能像过去的美学一样，把丑、悲、滑稽、卑劣等等当成美、喜、崇高、伟大等等的反衬，宛如雨果说的那样，是美有意的一种休息，宛如雨果所做的那样，把加西莫多的丑当成美的一种假象，一种惊人的反衬。这样的艺术表象世界，因为感性的否定一极的无力，而必然是无力的。

其次，更重要的是，这种“二重组合”的说法，很容易演变成一个新的艺术套语。艺术本是一个绝对物，它的天地是无限广阔的。而理性的归纳却必然是有限的，它至多只能找到一些现象之网的网上纽结。即使这些纽结是很重要甚至是最重要的，它仍然不足以用来拼凑起无限丰富的感性本身。莱塞曾经这样说过，我们在感性学中可以有美、优雅、匀称、精巧、崇高，以及它们的反面——俗气、卑劣、丑、笨拙、浅薄、平庸等等诸如此类的字眼。但是，“这将很难知晓我们的形容词的一览表在何处终止。‘平庸’，可以作为一个感性学判断运用于绘画，但它可不可以用来对付一篇论文或哪位击球手的平均得分率呢？‘不冷不热’(Tepid)，被应用来说某部小说，却没有用来说洗澡，这难道是这类术语中绝无仅有的歧义吗？我们果然有这么两个术语，拼法虽都一样，却一个是感性学术语而另一个却不是吗？当然不是。当说一部小说‘不冷不热’的时候，那是把一个日常语汇运用于感性学，而能被这样来运用的语汇是极其广泛的。事实上，当批评家总有可能把词汇运用于它们过去从未被运用过的评判范围的时候，把它们一一列举出来是原则上不可能的……”[①]正因为这样，“二重组合”的说法，由于它只找到了少数几个感性上的点，就有可能限制住了我们的艺术家，叫他们像在拉二胡时不是松开左手奏空弦，就是把左手压到最下边叫胡琴在高音区“吱吱”响。这样的“极限对比”，必然只有感性上的几个极限的点，而没有更为重要的在这几个点中间的无限丰富的空间。

艺术的表象从来就应该被排列为一条“正交曲线”，极端的例子总是少数，更多的则是处于美与丑之间的广阔中间地带。从这一点上来说，重要的

① A. R. Lacey, *Modern Philosophy*, Boston : Routledge & K. Paul, 1982, p166.

并不是感性的二极——美与丑，重要的是人类的感性本身！所以，Aesthetics的科学的译语，既不应是“美学”，也不应是“丑学”，而应是“感性学”本身。这门感性学不应该用任何框框去堵人类感性的洪流，而应该疏通河道，让它一泻千里地奔流过来。

人类的精神，正是在它对历史的痛苦追溯之后，毅然地选择了一条更为宽广的路，为自己的感性选取了一条多元化发展的方向！

到此为止，我们已经把本书标题的涵义说完了。因此，这本书马上也就要结束了。

最后，我要说明一下，我是在极度忐忑不安的心情中产生了辍笔的念头。在《自序》里，我曾经给自己提出了一个“高远”的任务：“变亦步亦趋的回顾为一种充满想象力的展望，变艺术王国的密纳发的猫头鹰为一颗呼唤着新的灿烂东方文化的启明星。”我深知，自己没有也不可能有这样的力量来完成这样伟大的历史任务。这需要我们整整一代人的努力，去展开自己的哲思，去发挥自己的感性，才能有希望。那么，究竟我们能不能在感性之多元取向的过程中，创造出一种既非天真烂漫的盲目乐观，也非万念俱灰的无谓悲绝，而是作为一种积极的、入世的、多层次的、广角度的体验的丰富艺术表象世界，为古老而又崭新的中国文化再次赢得世界性的地位呢？

朋友们，让我们珍惜我们有限的宝贵韶华，发挥我们的聪明才智，用毕生的不懈努力去回答吧！

后 记

写作真是一件煎熬人的事！

毛姆说，当他写《人生的枷锁》时，那些梦魂萦绕的故事、人物和情愫，曾经成了一种难以忍受的折磨，搞得他食不甘味，卧不安席。——这搁谁还不是一样！

但也许，这时最好的解脱办法，却又是日以继夜地伏案疾书。毛姆自己就这么说，写完以后，“我取得了预期的效果；因为等我看完校样之后，我发现那些缠人的幽灵全都安息了：人物也罢，事件也罢，以后再没在我的脑海里浮现过……”

真是这样。在我动手写“后记”的时候，我体验到了一

种特殊的难以名状的安宁。尽管我知道，我所涉及过的那些紧张而激越的思想，毕生都不可能安息于脑际，它们还会一百次、一千次地使我辗转反侧，但是，眼下我所关心的，却只是暑假里到什么地方游泳，晒太阳……

当然，如果想要去自寻烦恼的话，那也许没有比现在更好的时机了：许多落笔前自以为深思熟虑过的想法，等它们降临到稿纸上，却显得那样不成熟，许多在清谈时蛮觉得振振有词的论点，等它们真正想去说服人了，却显出论证得如此单薄……而就在这支笔如此轻率地掠过几千年的思想文化时，自己竟也糊里糊涂地到了“而立”之年！

但我宁可什么都不想。

我宁可这样来宽慰自己：一个中国人去论说西方文化，本来就是一件隔靴搔痒的事，所以，如果搔不着别人，却竟万一反过来搔着了自家的一点儿痛处，那也可以勉强算是千虑一得了。

我爱用梭伦的一句话来为那些迟迟不敢下笔的年轻朋友们打气——“雅典公民们，我比你们中间的一部分人智，比你们中间的另一部分人勇；我比那些看不出庇西特拉斯要当僭主的人智，比那些看出来而不敢说的人勇！”

自然，这样自觉地“敢为天下先”，势必要使我们去（正确地）犯下很多错误。但我们不要害怕，一旦动手把一些很可能是错误的想法写出来，这本书就会像耻辱柱一样把我们钉死在它上面——它要真地把我们钉死了，我们宁可将它比作耶稣殉难的十字架，足以抬举得我们这班凡夫俗子们像圣子一样地去为中国人民赎点儿罪！

更何况，我们都还年轻，只要我们不失去这一点儿起码的真诚，那么，所有我们可能犯下的错误，我们也都可能再用一本更像点儿样子的书去改正。

正是本着这样的信念，亲爱的读者们，请允许我说——再见！

刘 东

1985 年 6 月 20 日深夜

于紫金山下

附录

感性的暴虐

——恐怖时代的心理积存

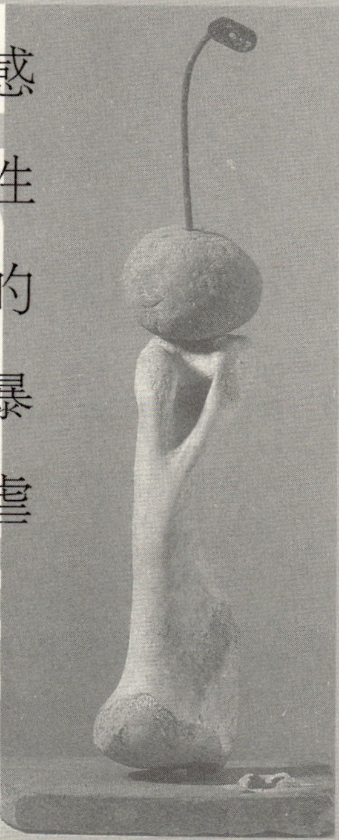

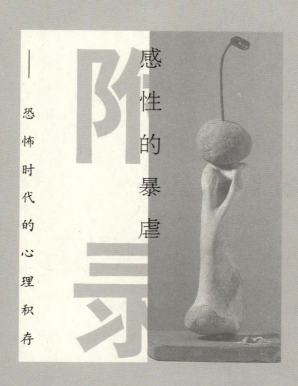

附录

感性的暴虐

——恐怖时代的心理积存

康定斯基:《研究的重要三角形》, 1923。

二

毋庸讳言，写在副标题中的“心理积存”这四个字，是从我老师所谓“心理积淀”的说法中变化而来的，而且，我们选用此类大同小异的说法，都是意在指涉理性或其他心理内容渗入并塑造感性的过程；由此也就可以说，我们都对人类的情感本性采取了历史主义的态度，认为人类对世界的感知能力与情感反应，有可能在时间中得到生成和迁移。

不过，两代人之间仍有基本的分歧。李泽厚老师利用“心理积淀”的说法，主要是来描绘他所谓“心理建设”的上升过程，或者说，来动态地描绘他所理解的暗合黑格尔目的论的康德心理结构的发生与发展。而我换用“心理积存”的说法，则是有意让措辞稍稍“陌生化”一些，以便能从意识中隔断那种对于历史本身的无原则崇拜。实际上，从打我写作自己的第一本著作——《西方的丑学》的时候，我就对那种“从美丽走向更美丽”的独断上升过程表示了怀疑，尽

这篇演说曾于2006年3月29日在广州中山大学哲学系召开的“心灵环保与人文关怀——东亚禅文化的形成与发展：理念与实践”研讨会上宣读。

管当时我还并不认识李老师，无缘把我这些不同意见当面讲给他听。

但今天的话题，则要简捷地从九一一事件谈起，以配合这次会议给出的“心灵环保”的主题。还记得，那个袭击事件甫一发生，便能听到许多人在啪啪地称奇：这镜头简直太像好莱坞的大片了……甚至，世贸双塔还没有来得及完全倒下来，英国首相布莱尔就已经在媒体上喃喃地念叨：原以为这类恐怖场面只存在于想象中，没想到它竟然现实地发生了……

九一一那天所发生的一切，肯定是当代人类史的一大综合转折，对其中非常具体而复杂的侧面，必须进行多种学科的交叉研究，——其中甚至也包括我现在由之出发的美学。人们或许会诧异：你这么高雅的学科，本应深藏在美术馆或者音乐厅里，怎么会跟曼哈顿那片文明冲突的废墟有关呢？然而不然。

在我看来，尽管中文世界跟从了中江兆民的误译，西语原文中Aesthetics一词的首要义项，仍然一直是“感性之学”。由此，正因为一开初就设定了把“感性”作为特定的研究对象，虽说学院中的“美学”经常表现为干巴巴的教义，跟人类的任何实际生活包括感性生活都相隔遥远，然而Aesthetics这门学科本身，就其发展的空间而言，仍有足够的潜能比任何其他学科都更加专注于人类的感性问题。

聚焦到今天的具体论题，正是这个感性之学的特定视角，方使我们有可能抓住不放地追问：在九一一事件和好莱坞大片之间，到底存在着怎样的感性心理联系？——不然的话，这种在现实生活中极其罕见和骇人听闻的暴力，何以会跟现代影视工场中司空见惯的流水制作这等相似？

刚才已经说过，进行此种联想的心理基础，首先在于两者间非常相似的视觉效果。——不知大家意识到没有：虽说在九一一那天，几乎是全球同步地看到了那场恐怖袭击，但当时绝大多数的人毕竟不在现场，他们能够通过“现场直播”收视到的，毕竟仍然属于某种虚拟的真实。

由此，大多数家庭的起居室中那个经常播放恐怖大片的电视屏幕，在九

鲁本斯:《战争的恐怖》

——那天所演示出来的模拟图像,就很容易在心理上被混同于平时早已看惯了的恐怖电影。甚至我们也已经看到,正由于此种长期养成的收视习惯,也很容易产生这样的读图效果——即使明知那已是千真万确的事实,仍会下意识地联想到摄影棚里的幻象。

不负责任的娱乐界简直是在先下手为强地辩称:九一一的恐怖现场并不是碰巧才跟恐怖大片如此相似的,这种契合刚好显示出了好莱坞惊人的“超前”想象力,说明艺术的想象力可以敏感地预告未来的突发事变。然则照我看来,这种似是而非的强词夺理,把事情整个儿都给弄颠倒了,仿佛我们以后还非得多多益善地观看这些该死的大片似的!

事实上,尽管在正统的宣传和世俗的观念中,总是在迷信艺术之流是在跟从生活之源的,但此等俗念早该经受一场“哥白尼革命”了。也就是说，我们早该旗帜鲜明地主张——生活在任何具体文明时空场域中的人们，其行为方式都必会受到具体意义结构的规范，而艺术作品恰又是生活意义的主要载体之一；缘此，只要是文明的进程已经实际地发端，那么对于任何具体文明人而言，生活都是在摹仿着艺术的。

正因为如此，才会如居伊·德波在《景观社会》中所指出的，作为一种特定文化表征的图像景观，其自身就是生产性乃至宰制性的：“景观把自身表现为一种巨大的实在性，它不可企及，不容争辩。它所道出的就是：‘凡是呈现的就是好的，凡是好的就会呈现。’它所要求的态度在原则上就是消极的接受。它已经借助于其表面上的不容置疑和实际上对于表象领域的主宰，而保证了这一消极的接受。”

偏巧在九一一这件事上，我遭遇到过一个最尴尬的切身经历。那是在2001年8月中旬，有位美籍华人学者携着家小来访，信口谈起他为了生活便利而放弃了斯坦福的邀请、宁可选择纽约大学的事情。我也许是太喜欢斯坦福那边的研究条件和辉煌校园了，一时竟不知哪来的胡思乱想，亦随口对他乱讲道——住到纽约去有什么好？下次只要恐怖分子能搞到一颗原子弹，挨炸的就准是曼哈顿！……

可想而知，话刚说出口不到一个月，我就为这张“乌鸦嘴”而懊恼了。说来也怪，自己既不是恐怖分子，更不是恐怖分子的头子，当时哪里来的这种先知先觉呢？经过一番仔细反省思忖，才把原委回想清楚：还不是无形中受到了《独立日》和《空军一号》之类大片的影响！

琢磨下来，问题就益发严重了：既然连我一介书生，都能糊里糊涂地进行这类联想，要是再换上那帮成天琢磨怎么不惜手段向美国复仇的亡命之徒，他们又当如何？他们干嘛不把好莱坞的电影情节简简单单地重演一遍？！

我们固无确凿的证据来咬定，那次恐怖袭击是直接受到了恐怖大片的启发，但后来的调查毕竟证实了：那些劫机者并不是什么“山顶洞人”，而是曾经长期居留在西方、非常熟悉此间规则的现代人。最起码我们也应当记住：这些人是既能看到美国的电影，又能听懂电影中的英文对白。

由此就不妨稍加推想，既然电影屏幕早已替这帮亡命之徒把那座纽约城给毁灭过多次，既然在他们的视觉表象里早已充满了这类暴力，而且他们在“欣赏”这类镜头时肯定是充满了报复的快意，那么，要是这些最终选择以同样手段来实现自己意志的人们，能够自觉地避免此种视觉文化的熏染和暗示，那倒反而显得有些奇怪了！

民用飞机撞上世贸大楼的镜头，已经是当代最为经典的世界性景观了。凡是看过那次现场直播的人们都能感受到——这些恐怖分子真是掐算得精准，简直把时间和分寸都拿捏得恰到好处。甚至可以这么说，作为导演或者演员，他们的想象力和镜头感简直比好莱坞还要好莱坞，还要具有冲击力！

唯一需要对之补充的则是：如能跟那帮亡命之徒进行换位思维，也许我们就会更加真切地体会到，要不是这些特殊的影像生产者们，其脑际里不断地预演此种恐怖的场景，也即不断地为此“过电影”，他们断不致兴奋到了把个人生死都置于度外。——换句话说，很可能正是靠着这种暴力场景的鼓舞，那些恐怖分子的内心反而排除了恐怖，只是充溢着强烈的快感。

三

如果从严格的原教旨出发，那么，不断夸张和宣示物质欲望的好莱坞影视工业，当然跟这些宗教狂热分子格格不入。众所周知，那些恐怖分子之所以要采取如此极端的破坏行动，恰恰是要反击美国商业文化及其裹挟的价值观念对于自己既定生活方式的入侵和破坏。

然而，大家是否都想到了：其实这些恐怖分子同样是现代社会的产物。也就是说，在美国的文化产业与恨它入骨的恐怖袭击之间，居然存在着一种隐秘却真实的同构关系。比如，正像我们刚刚已经揭示的，它们居然都隶属于同一种视觉文化，都在复制和共享着同一类图像产品。

进一步讲，它们也就同属于被霍布斯鲍姆所命名的《极端的年代》。我们都记得，这本书中一开头就用哲学家以赛亚·伯林的话语定下了调子：“我的一生——我一定得这么说一句——历经20世纪，却不曾遭逢个人的苦难。然而在我的记忆中，它却是西方历史上最可怕的一个世纪。”

正因为如此，历史家霍布斯鲍姆才在书中提醒：“这个世纪教导了我们，而且还在不断教导我们懂得，就是人类可以学会在最残酷、而且在理论上最不可忍受的条件之下生存。因此，我们很难领会自己这种每况愈下的严重程度——而且更不幸的是，我们堕落的速度愈来愈快，甚至已经陷入我们19世纪祖宗斥之为野蛮的境地。”

站在感性之学的基点上，我此刻想到的是，这其实正是我从二十年前就坚持追问Aesthetics为什么非得是美学的深层原因。那本小书前面那一连串的追问，意味着作者已然敏感到了，并且也从当代艺术实践中观察到了，他所从事的感性学有可能不再是“有关美的学问”。

《西方的丑学》一书所给出的反向描述是：“这是一种完全笃信丑学的，用来看待世间一切事物的丑的滤色镜。有了这种满眼皆丑的目光，他们怎能不把他人看作地狱（萨特），把自我看成荒诞（加缪），把天空看作尸布（狄兰·托马斯），把大陆看作荒原（T.S.艾略特）呢？他们怎能不把整个人生及其生存环境看得如此阴森、畸形、嘈杂、血腥、混乱、变态、肮脏、扭曲、苍白、孤独、冷寂、荒凉、空虚、怪诞和无聊呢？”

当代西方的艺术表象，至今还在简单复述着我早年的描述，甚至可以直接拍摄下来当作我那本处女作的插图。我刚从丹麦的奥尔胡斯大学讲学归来，在那里也顺便参观了一家当代美术馆。说实在的，那些刻意制造丑陋的绘画，至少已经不能给写过《丑学》的我以任何震撼了。唯一尴尬的是，当我看到那么多衣冠楚楚的淑女，不解其意和一脸茫然地想要“欣赏”那种刻意的丑陋，竟很难隐藏自己的窃笑。

但这一回我要特别发挥的是：从发生学的角度来观察，甚至就连我们用来感受外界的感性器官，都已经被巨变的环境改造过了！事到如今，恐怕只有从坟墓中请出古人来，才可能利用他们未曾污损的感官，帮我们比较和测定一下，这世界到底发生了什么？——当然更有可能的是：只怕他们刚刚步出甬道，就会像《子夜》里的吴老太爷一样，被外部世界的视觉刺激给吓疯了！

在这里我要再次强调，正如艺术早已不再赏心悦目一样，在如此这般的文化语境中，艺术史的用途也早就跟审美无干了。——它并不是在展现人类感性经验“从美丽走向美丽”的进化过程，而只是尽量向我们提供着经典例证，从而标注出人类感性心理的蜕变历程。

这种蜕变的过程，在大多数的情况下，与其像李老师当年所描画的那样，是作为《美的历程》，还不如像我当年所描画的那样，是作为“丑的历程”。也就是说，它很可能是“麻木——刺激——更麻木——更刺激——直至麻木不仁……”，甚至很可能是“残忍——接受——更残忍——再接受——直至惨不忍睹……”

比如，电影史常识告诉我们，第一次在银幕上出现人脸特写的时候，没见过世面的观众都惊吓得几乎昏厥了，他们以为自己看到了一个孤零零的人头。然而，且来对比一下今天的武侠电影：导演经常故意让首级从尸腔子上咕隆隆地滚落，却就是没见到再惊吓到了谁！

又比如，正如我在《浮世绘》一书中所对比的：“在日益过敏的现代感应性面前，如果古人存心制作出的冲突竟然比今人刻意寻找的和谐还要和谐，那也不能被说成是仅仅由我们的耳朵弄出的错！我们的室外背景声早已变成了各种引擎的永无休止的轰鸣，我们的听觉参照系也早已变成了OK伴奏带里的千篇一律的喧闹，由此一来，海顿《G大调第94交响曲》中那个有名的响亮合弦就很难再让我们感到多少‘惊愕’了，而莫扎特《D小调钢琴协奏曲》（K．466）中极度渲染的情感张力也很难再使我们感到多少骚动了；除非专攻音乐史的方家，则人们更多地是通过瞳孔读到、而不是凭借耳鼓听出其中之‘急风暴雨’和‘激动不安’的……”

再来听听萧斯塔科维奇怎样演奏他本人的《第一钢琴协奏曲》吧！这位现代音乐大师只需简单敲几下琴键，整个空中就都弥散出现代调子来了。令人嗟呀的是，西方的古典世界花费过那么长的时间和那么大的心力，去寻找和声的秘密，而且也确实达到了高度的成就；然而西方的现代音乐，偏又是从打破对位法的教条、执意要撞击出不和谐效果开始的。

这还是老萧早年的作品呢！谈到他晚年那首《第一大提琴协奏曲》时，我曾这样对同学们说：“用语言去表达声音艺术是危险的，但我还是要预先提示大家，在这首曲子中可以听到现代人独有的凄厉、惊厥、狂躁、急迫，以及他们独有的忧郁、苍凉、颤栗、孤寂，以及他们独有的单薄、自怜、滑稽、变态，以及他们独有的琐碎、呻吟、低回、隐秘……你可以感受到，在空前的暴政之下，在苦痛的病患之中，在死亡的黑洞面前，当然也在果戈里、契柯夫的传统里面，人类的想象力正被逼向一个墙角。”

他怎么会胆敢这样做呢？他不是在《见证》一书中明确转述过这样的禁令么？——“日丹诺夫宣布：‘布尔什维克中央委员会要求音乐优美、细致。’他还说，音乐的目的是使人愉快，可是我们的音乐是粗糙的、低级的，听这种音乐无疑会使人(例如日丹诺夫)心理上和生理上失去平衡。……从今以后，音乐必须永远是优美的、和谐的，悦耳的。他们要求特别重视歌唱，因为没有歌词的音乐只能满足少数唯美主义者和个人主义者的反常的趣味。”

但他又只能借这种方式来发泄郁结。——要知道，那不光是一个发展出了法西斯蒂和共产主义的时代，而且，此种空前的现代动员与整合组织，也势必会导致备受压抑的感性经验。正如阿萨菲耶夫所说：“萧斯塔科维奇的音乐就是对现实中强力冲突的极度神经质的、极其敏感的呐喊……这种呐喊犹如当代人类惊恐的反映，这不是某一个人的惊恐，也不是某些普通人的那种惊恐，而是整个人类的惊恐。”

在聆听老萧的第七或第八交响乐的时候，一旦那排山倒海的吓人节奏碾轧过来，其实就不必再徒劳无益地猜测其具体所指了。想想看，在写作这种湮灭一切的节奏时，这位作曲家的胸前和背后各有一个可怕的极权，所以他那种共时性的恐怖经验，就连他自己都难以准确区分，——正如他在《见证》中的勾连：“威廉和罗曼诺夫是血统上的亲戚，斯大林和希特勒是精神上的亲戚。”

而更加要命的是，这种音乐就像浓烈的麻辣味道，一旦它把舌尖娇嫩的味蕾细胞灼伤，人们就会产生严重的依赖性，因为他们的感官只有借更强的刺激才能兴奋起来。而一代接一代地积累下来，到现在就连斯特拉文斯基和萧斯塔科维奇也不过瘾了。人们的心灵已经变得既麻木又惊觉，既要靠爆炸式的音乐来刺激自己，又要靠安眠药的药力来安抚自己。

在同样的语境中，我们更培育出了飙车一族和暴走一族，他们竟如此地陶醉于过山车和蹦极的惊吓感受，如此地贪恋电玩游戏里面越来越逼真的血腥。——谁能预料到：等到他们真需要拿起凶器杀人的时候，还有多少心理障碍需要克服？他们还会像《静静的顿河》的主人公那样为了杀人场景而呕吐吗？

再来回顾我跟我老师的争论：难道这样的感性变化也算得上进化吗？如果也算，那就一定要从思想上把“进化”跟“进步”区分开来。正是为此我才主张，绝不要把“不合理的合理化”向着人类感性心理的这种渗入，正当化为所谓的“心理积淀”，——那充其量不过是些文明的垃圾和碎片在心灵深处的可怕**“积存”**罢了！

毋庸讳言，正是在“历史会不会犯错误”的问题上，我跟我的老师之间发生了由来已久的争议。记得有一次，我曾借着酒兴当面把自己的不同意见归结为三句话，希望他不要把“心理上升为本体”、“经验上升为先验”、“历史上升为理性”。不料李老师后来竟将计就计，干脆拿我这三句话当作大纲，写出了他那本《历史本体论》！

但我此刻却要明确重申：历史终不过只是“曾经显得”朝着理性和灵性上升过罢了。——凭借着这种上升，我们自身也曾好不容易地从茹毛饮血爬向了文明风雅。从感性学的角度来验收，此种文明进程在我们身体上的突出印迹，就是造就了属人的眼睛和耳朵，以及其他人性的器官。照我看来，这才是最本质的非物质性文化遗产，正是由它才外化出了那些被人们看重的物产。

进一步说，并非仅限于被希腊人被偏爱的那两个理论感官（眼睛和耳朵），再来读读《武林旧事》中大多失传的菜单，再来尝尝法国数不胜数的奶酪，再来闻闻日本人化为仪式的香道，我们就会骄傲地发现，原来我们的身体本身，确曾表现为文明发展的最高成就。

只可惜，正如历史并没有继续上升为理性一样，我们的心理包括我们的感性心理，也并没有继续上升为本体，恰恰相反，它倒是日渐下作和不断沉沦了。比如它不断外化而成的影视作品，就总是在突破以往的视觉禁忌，迫使人们不得不去面对乃至适应那些自从脱出动物界后就不愿再去直面的种种可怖。由此就不可否认，正是在视觉文化的这种滑落中，我们的人性也正不断地向下迁移。

制片商们总在如此这般地盘算着：如果上部影片已经恐怖成了那样，下

1977年4月26日在毕加索名作《格尔尼卡》绘画前举行的格尔尼卡镇40周年纪念会。

回我还能靠打破什么禁忌来卖钱？在这方面，最新的例证大概要数刚刚参选过奥斯卡奖的《天堂此时》了，它的导演这次连自杀炸弹都绑到主人公身上去了！就是在这种步步下沉的商业考虑中，人们的眼睛也越来越露出了凶光。就我所知，对于文明世界的核子袭击，更是早已是被他们的视觉产品突破的心理极限了。

话说到这里，再来回顾九一一事件，大家或许会有点儿奇怪：当人们在那天为“恐怖”也能发展成“主义”而吃惊的时候，他们居然没能去顺势发现——原来眼睛也可以杀人！

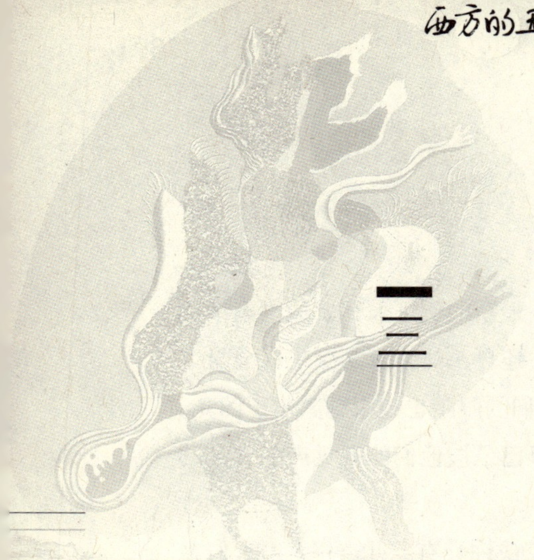

三

而且，那些正在把杀人当儿戏的眼睛，还不多不少正是我们自己的眼睛。在这个意义上，你若问天底下到底有多少恐怖分子，只怕多到了连你都不敢承认的地步！

九一一事件之后，李慎之先生曾经信口问道：究竟什么才是“恐怖主义”呢？我也曾信口戏答道：那说穿了不过是弱者的策略——我打不过你就打他，既然你这么在乎他！实际上，这原本不失为一种小把戏，我们小时候多少都玩过。而恐怖分子的问题则在于，他们一下手就把无辜者往死里打！

但即便如此也不要误以为，这种极端模式只跟极端分子有关。实际上，自从出现了希区柯克那样的恐怖大师以后，借助于银幕的空前传播，恐怖早已凸显为当代美学的主要范畴之一，甚至也早已成为我们的主要心理质素之一。——要不天底下哪来的那么多恐怖片？要不恐怖片怎么会成为一个独立的电影门类?

这些恐怖作品想要逢迎的，说到底正是不知餍足的普遍嗜血偏好。所以，只要你明白无误地发现了，确实有大量的观众在钟爱那种人为的奇丑和超级的血腥，你也就明白无误地发现了，在大众心理和恐怖影片之间，确实存在着一种已经生产出来的同构关系。

更加要命的是，对于这种恐怖心理的迎合，其实并不仅限于娱乐圈。九一一事件之后，特别是阿富汗战争

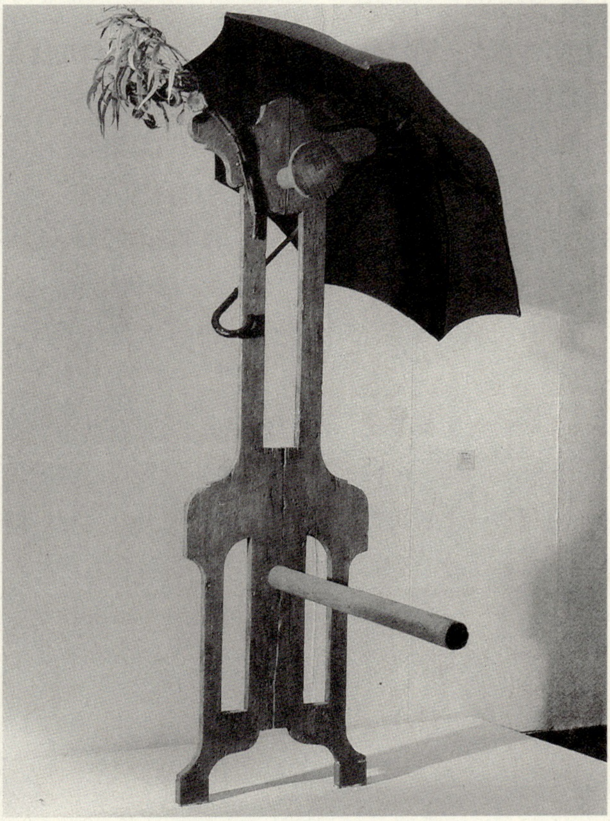

米罗创作的《人物》

之后，互联网上流传过一种“看谁最终受益”的有罪推断，它以搞笑的口吻地推定说：其实本·拉登最不像九一一的发动者，因为他此后马上成为过街老鼠和丧家之犬；倒是美国总统小布什最像——因为他从此得以长期凌驾于两党之上。如果这种逻辑可以成立，那我也愿略带玩笑地指出：大概只有传媒业特别是电视业最可能犯罪，因为他们最巴不得天下大乱！

在这方面，中文世界的例子最为明显：正由于大陆的传媒被捆住了手脚，所以九一一事件一旦爆发，马上就给了凤凰卫视以千载难逢之机。甚至直到好几年之后，你听听他们的广告词，还能听出对于下一个此类事件的充满兴奋的渴望——“一有大事，马上反应！”

凡此种种都在提示着：其实我们的身体与我们的社会，并不是相互独立的二元要素，而是互动与共生的同一文化过程。此一过程的最新表现是：一方面，社会环境本身的扭曲变态，会同构于感性器官本身的粗鄙化；另一方面，感性器官本身的扭曲变态，也会反映着社会环境本身的粗鄙化。

令人忧虑的是，这种每下愈况的下滑趋势，看来一时根本无法扭转。正因为感性心理的普遍暴虐化，恐怖本身便成为一种如此成功的产品和商品。——人们变得对于恐怖居然有如此旺盛的需求，甚至每天每夜都要大量地消费这种恐怖。

加倍令人忧虑的是，原本已经堕落如此，那些好莱坞的明星在九一一事件之后，竟还又张罗着去搞什么专题义演！于是，他们原本有同谋之嫌的那场旷世之灾，竟又为他们搭起了一个新的英雄舞台。而人们也只是为他们的公德心所欢呼，很少意识到这种文化产业的问题所在，更不要提追究它的任何责任。

去年5月，趁着到美国东部讲学之机，我来到纽约的世贸故址凭吊了一番。透过严密的铁护栏遥遥望去，在地表的那个大窟窿之上，人们正在修造着什么。再看旁边的牌子，说是在2002年8月21日那天，纽约市政府和新泽西州政府的首脑曾在这里宣布，将以“九一一英雄”的名义，在此处竖起一道景观墙，以促使世界省思这里发生过的一切，并从重建活动中汲取勇气和灵感。

这益发把我带入了忧虑。——九一一事件真正被人们反思过吗？人们真正意识到了现代性带给我们心理本身的这种重大代价吗？在感性心理普遍暴虐化的前提下，我们还能像孟子当年那样，寄望于把文明奠基于类似“四端”那样的作为社会本能的良知么？在我们行将步入老年的时候，还能安心把未来托付给从小就以电玩中的杀戮为乐的下一代么？

在感性学的意义上，我们的思绪不由被逼上了这样的层面——必须回答：由这门学科所倾力研究的这种既相对独立又不断迁移的人类心理，在我们整个的意识活动中，乃至于在我们整个的生命活动中，究竟意味着什么和居于何种地位呢？

感性自然是相对于理性的，所以上述问题也可以简要地表述为：感性和理性这两种心理素质，究竟哪一种更属于或更贴近于我们的本性？毫无疑问，大部分宗教家或者形而上学家，都会偏向于后者，他们都想要凭借某种不变真谛的支点，来教化民众和变化气质。

然而，就算有人告诉我们，他确曾凭借着理性而上升到了某种永恒的存在，并且也由此而内省到了灵与肉之间的分裂与挣扎，我们仍有足够的根据向他指出：如果感性还不算我们的生命底层本身的话，那么它至少也算是我们生命状态的最即时反应。

正是在这个意义上，感性的暴虐才是一种更加深层的暴虐，才是真正化入当代人类本能深处的暴虐。如果有那么一天，人类及其文明整个地毁灭了，恐怕最终的败因并不是什么核子武器，而正是这种人类感性深处的破坏驱力，——或者如毛泽东所说，是爆发在“灵魂深处的精神原子弹”。

在感性之学的学科范畴内部，上述忧思又可以表述为：古典美学向来以为，只要能把理性渗入感性，或者只要能让感性弥散在理性的范畴之内，人类就能逐渐攀上文明的高峰，臻于从心所欲不逾矩的极境。然而，古人当年还无法逆料，他们的子孙不仅有可能停驻在克尔凯戈尔的感性学阶段而拒绝超升，而且其感性心理本身还有可能不断地向下滑落。在这个意义上，正是感性学的独特视角帮我们发现了——原来人类当前所面临的最危险的挑战，偏偏来自自己的感官和肉身！

即使如此，我仍然拒绝相信冥冥中会有一种恶灵，在暗中决定着人类的无可挽回的堕落与下沉，正如我一向拒绝相信乐观的黑格尔式的“理性的狡计”，它宣扬这世界自有其隐秘的目的因，在保佑着人类的无可质疑的和不由自主的上升。正因为这样，眼下我还能相信的只有一点：在所有的历史成因中，至少还有一项是取决于我们自己的，那就是我们选择做为或者不做为；我要说，正是由于这种选择的自由，我们的未来才可能是有限开敞的和部分或然的。

2006年4月26日改定